U0160766

东亚园林

[韩] 朴恩莹 著

金海鹰 苏姗姗 译

East Asian Gardens

花萼千重树 灯张九曲栏
金吾仍放夜 和气遍长安

中国文联出版社

图书在版编目（CIP）数据

东亚园林 / （韩）朴恩莹著；金海鹰，苏姗姗译
. — 北京：中国文联出版社，2022.9
ISBN 978-7-5190-4878-5

Ⅰ.①东… Ⅱ.①朴… ②金… ③苏… Ⅲ.①园林—
研究—东亚 Ⅳ.① TU986.631

中国版本图书馆 CIP 数据核字 (2022) 第 092283 号

版权登记号：01-2022-1820

东亚园林

著　　者：（韩）朴恩莹
责任编辑：张超琪　黄雪彬
责任校对：仲济云　唐玉兵
图书装帧：书心瞬意
排版设计：高　洁
出版发行：中国文联出版社有限公司
社　　址：北京市朝阳区农展馆南里 10 号　　邮编：100125
网　　址：http://www.clapnet.cn
电　　话：010-85923091（总编室）　　010-85923058（编辑部）
　　　　　010-85923025（发行部）
经　　销：全国新华书店等
印　　刷：三河市宏达印刷有限公司
开　　本：880 毫米 × 1230 毫米　　　1/32
印　　张：8.25
字　　数：126 千字
版　　次：2022 年 9 月第 1 版
　　　　　2022 年 9 月第 1 次印刷
书　　号：ISBN 978-7-5190-4878-5
定　　价：65.00 元

译者序

金海鹰　苏珊珊

　　本书作者朴恩莹是韩国中部大学环境造景学系教授，国立首尔大学博士，主要从事东西方园林比较研究。著有《历史上的环境设计》《西方园林史》等作品。目前，主要承担"造景计划和设计"课程的讲授。理论研究之外，还直接参与园林建造项目。

　　朴恩莹教授所著的《东亚园林》从园林入手比较东亚中、日、韩三国的审美意识，从风景的角度审视中、日、韩三国的园林，从诗中景和画中景两方面欣赏三国的园林之美，是不多见的中、日、韩园林文化比较专著。中、日、韩的园林与造景传统均具有悠久的历史，古代时期传统绘画中的风景描绘得到了长足发展，园林和庭院的建造也达到了一个高峰。与此同时，中、日、韩古典诗歌也继承了园林传统，在诗歌文学中记述风景，寄托情感，同时对现实风景也展现出一种超越和再创造的姿态，借此表达对现实世界的关怀、对人精神本体的聚焦，从而实现视觉风景与精神风景的合一。

中、日、韩三国在地理上的毗邻、历史上的交往、文化上的交融，使得文化间既有相似、相通之处，又有陌生、新鲜之感。在园林世界，东亚园林作为一个整体性的代表，以自然风景园为基本形式和风格，并且具有近似的造园原则和东方文化独有的审美情趣，而有别于西亚、欧洲园林体系。在世界园林体系中，东亚由于儒家文化圈的连接，中、日、韩园林之间显现出更多的共性，组成东亚园林体系。然而，当视点进一步聚焦，比较的视野锁定为中、日、韩三国园林时，差异性更多进入我们的视野。

正如作者所述，庭院作为一种生活方式，是人类经营日常生活的空间。中、日、韩三国居住具体形态不同，庭院样式也呈现多样的差异。庭院作为社会生产发展达到富裕阶段时才出现的生活样态，承载着人的意念，希望、平安、幸福、新冒险与幻想等各种意愿、期许包含其中。并且，包含诸多内涵的这一生活方式亦伴随时代的艺术取向而呈现出不尽相同的样态。那么，承载历史、容纳生活、书写风景、寄托情志的园林文化便具有了比较、译介、分享的价值与意义。

中、日、韩文化互通，是可译性存在的基础。而文化互通又使难译性的存在成为可能。为了区分相近而不同的概念，概念辨析，字句斟酌，使得难译性最终转化为可译性。比如，"园"的概念在中、日、韩三国的建筑中是一个共通的概念，作者指出其包含"庭院"和"园林"两重意义。"庭院"是中、日、韩三国共存的一种空间概念，但其内涵又存在国别差异。同样的词汇在汉语中都存在，但其产生、存在和使用的语境各不相同。"园"作为中、日、韩三国园林建筑的一种共同存在，使得三国园林之美具有了可比性。然而细观三国园林，可谓各有千秋，各自拥有独立的文化本体性特征。于是，"庭院""园亭""家园""亭子"这些近义关联词汇一拥而出，难以区分。因此，作者根据中、日、韩各自的地理空间、社会文化及国别环境不同，首先对中、日、韩三国之"园"进行辨析，分别使用中国"园林"、韩国"园亭"、日本"庭园"进行区分，深化了我们对差异性的认知。

园林之美作为一种抽象的存在，通过怎样的视角才能够被发现呢？作者首先提出了这样一个疑问，而后作为接受者，从体验的角度去寻找答案，探寻获取美之体验的途径。众所周知，美和美的体验兼具主观性和客观性，它既来自个性化视角、个人经验与知识，又来自客观真实存在。那么，观察、体验美的方法与途径就显得尤为重要。本书从这种问题意识出发，将观察自然的两种风景（通过文学想象形成的诗中景以及通过绘画着色而成的画中景）作为出发点，试图探究园林之自然美和美学体验之本质。

朴教授的笔下，园林美学体验的古今互动，通过欣赏中、日、韩古典诗歌的方式进行。诗歌是抒发情感的艺术手段，在古建筑中以楹联和诗文的形态得到留存。楹联以及咏景诗作品通过寓情于景、借景抒情等诗歌技巧的运用，使得园林美之体验得以跨越时空。今人体验园林之美的同时，可以通过诗歌回顾往昔，体味古人的心境与视角。园林作为历经岁月洗礼的建筑存在，是客观的。诗歌作为思想意识情感的表达手段，是主观的。主客交融，穿越时空，古人在园林之中的美学体验，是从个体的主观感受出发，通过文字将内心的风景转化为一种文学意境与氛围，传达出一种感受。于是，当时的露与云、鱼与莺一起腾跃嬉戏的情境在今人的阅读与体验中幻化为活灵活现的风景，徐徐近身。可以说，文学之美保存了园林之美，传达了园林之美。诗中所吟咏、感怀的场景通过诗歌文学得以保留，同时也镌刻上了诗人主观的印记。诗人随时可以召唤聚集起各种鸟儿，也可以抖动一片春日花叶，转眼间遣鸟散去，感怀于寂静冬夜的孤单月光里。诗人可以随心所欲地呼唤季节。与此相通，园林绘画既是园林的装饰组成，也是园林之美的体验与见证。

画幅可以超越空间，上至高空，下至梦境，随心所欲地勾画心中之景。诗人可以自由穿梭时间，颂古咏今。诗中展现的风景是通过诗歌想象力而展现的新风景，超越了园林建筑本身。画中景是画家通过绘画创作的风景。这两种风景的交叠，给园林观赏者提供了一个新的审美对象。园林之美正是在这两种风景不断交错、意象瞬息万变的过程中被感知，感知过程即是一种美学体验。正可谓，建筑风景、文学诗景与艺术画景，三景交叠，使得美这一不可言传的符号，通过多重的可视化图景，得以具象，而被感知。这种意象的等效传达，可谓是翻译的另一难点，中、日、韩三国的审美视角、审美情趣同中有异、异中有通。

如上，本书作者从诗与画两面入手，比较与阐释中、日、韩三国园林之美。全书分为四个章节，从风景与园林、美学体验与园林美、三国园林故事、主题与幻想庭院四个层面阐释了风景视角下的东亚园林之美。园林建筑向人们展现自然美和艺术美的和谐与平衡。与西方园林相比，东亚园林别具特色。本书向读者讲述因人生哲学和追求的差异，中、日、韩三国的园林也各不相同。中国园林试图把辽阔的自然景观融入有限的人造空间里，通过不断改变观景的角度，发现不同的美。日本园林注重观景角度的固定性，观赏风格偏冥想式。韩国园林则尊重自然本身朴素的平衡感，在此基础上，通过布局人造池塘，即"方池"，追求景致的多元性。观赏园林之美，主要是从主人的视角欣赏如诗如画的风景，但中、日、韩三国的观赏之道也各有特色。中国园林通过盆景中的石头和水木的变化，表现岁月的流逝和时间的意义。日本园林用苔藓、石头等不变的景物表现时间的悠久。韩国园林则通过添加水车等动态元素，表现不断流逝的岁月。进入现代社会以来，经过庆典和世博会等活动的洗礼，现代园林开始具备幻想色彩。正如东亚传统园林的基础是山水画，现代园林受现代艺术和虚拟现实等技术进步的影响也不足为奇。

序：通过风景看东亚园林之美

  无论在东方还是西方，作为一种生活方式，庭院都是
人类经营日常生活的空间。各国居住形态不同，庭院的样
式也呈现出丰富多样的差异。与住宅相较，庭院是在社会
发展达到富裕阶段时，才可能出现的一种生活样态，是承
载人意念的一种载体，希望、平安、幸福、新冒险与幻想
等各种意愿、期许包含其中。并且，包含诸多内涵的这一
生活方式亦伴随时代的艺术取向而呈现出不尽相同的形态。
既然，庭院的内涵与形式如此之多样，那么通过庭院观察
不同国度文化氛围中人的期许与意愿如何得到异质性体现，
就是一个蕴意丰富、值得玩味的课题。

  "园"的概念包含"庭院"和"园林"两重意义。"庭
院"是中、日、韩三国共同存在的一种空间概念，但三国
的"庭院"内涵又在国别意义上不同。在中国，庭院被视

为三合院或四合院的空间，其中设置花草怪石，赋予心灵自由和观赏价值的场所。与中国以住宅为中心、围墙而居的民居相比，韩国的庭院结构较为松散，分为前庭、中庭与后庭。韩国庭院平时空置，必要时根据需要，可做多种用途，通常只是在篱垣边界处简单栽植上花草。而日本庭院则不会空置，通常会通过栽花引水，有意地营造一种绿色风景。

"园"是在人的立场上，取景于自然的一种创造性生活空间。因此，中、日、韩三国的"园"是基于人的立场，取景于自然，又焕景于自然的一种创造。本书通过"园林""园亭""庭园"三种表达对中、日、韩三国之"园"进行区别。传统上追根溯源，韩国典籍一度使用过汉语表达"园林"。根据韩国古典翻译院所藏的《韩国古典总览》及其相关文献中所收录的用语，韩国古代的文人雅士经常使用的是"林泉"一词，其他词汇按频率依次是"园林""丘园""园亭"，而如今广泛使用的"庭园"一词却几乎没有出现过。笔者认为：日本二战投降后，伴随日本文化的渗透和西方文化的传入，韩国学界才开始使用"庭园"一词。

韩国规模较大的住宅，一般都设计有厢房和亭子。但通常来讲，作为居住空间，住房会聚集在一起，装饰也比较朴素无华。但韩式住宅在全国范围内具备一种共同的特殊样式，那就是在山坡或是屋前山上有一个村落社区居民的公共空间——亭子。本书将韩国的"庭院"称之为"园亭"，是因为"园亭"包含着作为住宅附属结构的"家园"和村落公共空间的"亭子"融合为一个广阔空间的意味。对此，学界鲜有人正式提及。用语时常跟随时代的变化而变化，也正是这样，时代的意义才能够如实得到传达。地理空间、社会文化及国别环境不同的背景下，需要进行细节区分"园"的差异时，笔者对中、日、韩三国之"园"分别以中国"园林"、韩国"园亭"、日本"庭园"进行区分，借此避免意义上的混淆。

园林之美究竟是为何物？通过怎样的视角才能够发现园亭的美呢？美的体验经由怎样的途径才可以获得呢？本书试图对此做出解答。美和美的体验兼具主观性和客观性。这种体验依据的是个性化的视角、经验与知识。也就是说，它既是主观意义的对象，又是一种客观观念的对象，它是可以被大众感知理解的，方法、途径相同就可以得到相同的认知。园林之美也如是展现着这种两面性。本书带着采用何种视角可以认知园林之美的问题意识，将观察自然的两种风景（通过文学想象形成的诗中景以及通过绘画着色而成的画中景）作为出发点，试图探究一般视角下园林之自然美和美学体验之本质。

李氏朝鲜时期，正祖的勤政日记《日省录》里详细记录了初春时节，在现昌德宫后园秘苑举行迎春赏花钓鱼宴的场景。时年1795年3月10日，王在暎花堂召集臣下。

千年难遇庆丰之载，欣喜之情难以言怀。往年享赏花垂钓游戏之时，仅邀请召集阁臣子侄及兄弟子侄共乐。然今载，从堂兄弟，三从兄弟皆召集参会，意在与众子民共享同乐。

领议政洪乐性、右议政蔡济恭、南公辙、徐有榘、丁若镛、李家焕，奎章阁学士李是远，以及当时赫赫有名的雅士全部都列席聚会。午后时分，王开始在多处赐宴，赏赐酒食。命承旨蔡弘远监督众卿饮酒，若饮酒不醉者，定要斟酒满杯。巡杯三四次，王以日前所作《洗心台》的"台"字为韵作七言小诗一首，并命李晚秀记录。

蒇蕤簪珮簇春台
酒气花香锦帆开
寄语诸臣家子弟
平生难忘此筵杯

之后，王前往春塘台，设置九靶，开始射箭。王三巡共中十五箭：一巡，射中熊靶四发，射中鱼靶一发；二、三巡，熊靶全部命中，共中四十四发。共命中多少发，当时文献一一准确记录。

金在新，一巡射中虎靶一发、鹿靶一发、鱼靶一发。蔡希恭，一巡射中鹿靶二发。蔡允恭一巡，未命中。蔡弘进，也未能命中一发。李儒尚，一巡射中鱼靶一发。

射箭之后钓鱼。王移驾芙蓉亭，登上小楼，俯看太液池，架杆垂钓。臣子们也围莲池垂竿而钓。堂上官居南，堂下官居东，儒生居北。当日，王一共钓鱼四条，大臣和儒生有钓到鱼的，也有人一无所获。每钓到一条鱼，都会演奏一曲，而后放生。谁钓到了几条鱼，也同样进行详细的记载。

刚好，三月华城儒生科举试卷送达。王亲自在芙蓉亭批卷打分后，将试卷分发给大臣们批改。日暮之时，与大臣和儒生共进晚膳之后，王起兴感慨："去年筵游至夜深，登楼坐船，水边山坡，所至之处，无不作诗，今日也要作诗感怀。"

月升之时，王泊舟太液池上，与臣子夜游莲池，至小岛游玩。湿润的夜露笼罩着小舟，摇曳在水面的灯火仿佛闪烁在仙界的繁星。慢拍子的《渔父词》穿舟而出，和着笙笛，曲调悠扬。王作五言近体诗一首，大臣和韵一首。无论是船上、岛上，所到之处，君臣和韵作诗，好不欢愉。

△昌德宫 后园 太液池
—— 作者供图

王取消了夜禁，亭园宴在渐浓的夜色里流连。

> 留与诸君饮
>
> 居然月上竿
>
> 莫如今夜好
>
> 同此太平欢
>
> 花晕千重树
>
> 灯张九曲栏
>
> 金吾仍放夜
>
> 和气遍长安

　　诗歌是君臣沟通联系的重要手段，儒生通过作诗来抒发日常情感。于是，诗歌被认知为多样化认识、表达"自然"这一外部世界的手段。现今，在昌德宫后园，玉流川附近，楼亭上的楹联以及历代王所作御制诗等许多咏景诗作品还完好地保留着。通过这些诗作，我们可以体味当时诗人的心境，来静观此时玉流川的风景。

　　读楹联，通过诗人的视角，可以联想到诗人内心的风景。诗人通过诗歌表现观察对象，强调某一瞬可在诗中品味的氛围化为一种活跃的动态要素，试图以此传达一种新鲜感。清漪亭楹联上描绘着露与云、鱼与莺一起腾跃嬉戏的场面，此寂静空间的观赏者会顿觉那活灵活现的风景正在徐徐近身。

仙露长凝瑶草碧
彩云深护玉芝蘚
鱼跃文波时拨剌
莺留深树久俳徊

在诗中，诗人随时可以召唤聚集起各种鸟儿，也可以抖动一片春日花叶，转眼间遣鸟散去，感怀于寂静冬夜的孤单月光里。诗人可以随心所欲地呼唤季节。在画幅上，画家虽不可如此作画，但可以超越空间。飞上九万里的高空，随心所欲地勾画长江边种满桃树的山坡上的一处草房，那梦里才可一见的景象。诗人可以自由穿梭在各种季节里，画家则可以自由进出各种场所中。诗中景是通过诗，发挥想象力而来的新的风景。画中景是画家通过绘画创作的另一种风景。这两种风景使观赏者和读者接触到一个新的美学对象。园林之美正是在这两种风景不断交错、意象瞬息万变的过程中得到认知的一种美学体验。玉流川楼亭上可见的风景是诗人感怀的诗景与画家笔下画景的同时交叠。本书从诗与画两面入手，找寻中、日、韩三国园林的美景。

△翠寒亭（上）逍遥亭（下）

——作者供图

目　录

1

第一章 风景与园林

- 风景的两面
- 画中景
- 文学想象，诗中景

1. 风景的两面

　　在济州城山摄影画廊 dumoak，我们可以看到不曾知晓的济州自然风貌。摄影师金永甲尤其偏爱济州的山峰。金永甲摄影作品里的风景总是刮着风，空无一人。他眼中的济州一半是天空，一半是风。风中摇曳的紫芒，金灿灿的油菜田，雾中的一棵海松，还有那令人恍惚的夕阳，在诉说着济州自然的全部。他引领着我们走进济州不为人知的新风景之中。我们通过他的视角可以嗅到济州的风声与盐味。通过他描绘的自然，我们加深了对济州风景的了解，真正地享受到了济州风景。与此同时，我们的心灵也更加丰盈。

　　摄影师在风景中凭借敏锐的眼光找寻那美好的、能够感怀于心的场景，捕捉普通人会不经意间错过的景象，并通过强烈的笔触将它表现出来。

△济州自然风貌
——金永甲，20世纪 90 年代后期，摄影画廊 dumoak 美术馆所藏

如此的景象给予观赏者深刻的印象，日后对此的印象也会历久弥新。关于风景的印象时常会变化。普通人在身临美景之前，大多已经通过照片、电影、画作或诗作获得了对此景象的印象。但是一旦身临其境，这一印象又会被更替为新的印象。此过程中，关于风景的印象或记忆，抑或美学体验般的感受也在慢慢地发生变化。静静地欣赏风景照片时，我们会受到一种好似演奏家将老曲新奏般的全新感动。

金永甲的风景摄影作品里可以听得到风声，那风声从紫芒地和晃动着的树枝间传来。他的摄影作品，构图抽象，色彩梦幻，仿佛画作。不，此刻，他的摄影作品就是画作。我们欣赏着摄影作品，暂时忘却相框的存在，沉浸在相框中的风景里。照片中的风景是经由摄影师的眼睛和心灵再构成的风景。我们把风景当画作欣赏，同时感受着照片里的诗意和抒情性。照片是对现实自然的再现，是摄影师主观描绘的崭新自然之象，观赏者可通过照片对现实自然进行体会和感受，三者合一，于是"风景"这一概念的外延就被拓展开来。也就是说，关于风景的认知层次会得到丰富。我们看到的照片里的风景，也将其等同于现实风景，伴随感受以及想法植入内心的记忆深处。

通过艺术作品，平凡的场景常常可以转化为具有独特意义的风景。比如，小说现场变成具有独特意义的场所，景色在摄影作品中被着色为全新的风景。场所和空间变换为风景的过程中，题目或标题等语言会介入。但是，对风景的感动，不局限于场所和印象，也不一定依存于自然。风景不同于空间大小、客观意义对象、几何学图像、地理分布等相对社会属性、公共属性、科学属性的关注对象。这些关注对象反而可以称之为"景观"，比起"园林"这一空间，现代社会把关注的焦点放在"公园"等公共场所，以及追求民众一致认同的景观"公共性"上。风景和景观的概念正是从以上基本观点的差异出发而来。

理解景观就是追求客观性，从科学的角度看待事物的态度。所以，如果条件相同，事物无论对于谁都会形成相同印象的前提就会成立。相反，风景相对来说较感性，依赖于情感。因此，主观描绘的心象内涵便蕴含其中[①]。风景不仅是单纯吸收感性要素的结果，它更意指编辑吸收感性要素，来捕捉具有其他意义的新形象。

诗中景不仅意味着诗人描绘的场景画面，它更意涵源自诗人感性想象的抒情性形象。诗中景是心灵的图景。追随诗人的视角而展开的风景中，我们能够展开想象的翅膀。

---

① 赵允京，《诗中景和主体的形成：以苏佩维埃尔的诗为中心》，《法国文化艺术研究》33，法国文化艺术学会，2010，489—518 页.

现实生活讲述的是实际对象。而诗，却将实际对象讲述为完全不同的风景，想象为不同的故事。通过体验风景，我们走上一条不同的路，发现焕新的自我与新世界。诗讲述的风景肉眼不可见，是用心看、用心读的画作。诗中景是诗人的镜子里读者的模样。

在诗中，记忆在风景里如何被唤起，诗中景的心象便会如何被描绘。如此的心象又经由读者的想象被创作为新的形象。与之相比，绘画作品首先经过视觉上的刺激和记忆而联想到的"某物"形成画中景。西方绘画从远近法中解放出来后，逐渐走上抽象之路的同时，画中景就完全依存于观者的联想。诗中景通过想象，画中景依靠联想而获得生命。这个倾向从两种风景的演绎方式上可以寻得踪迹。

早春，在顺天仙岩寺，观赏盛开樱花的游客纷至沓来。多数游人用手机以樱花树为背景，与三两好友合拍纪念照便尽兴而归。而摄影师却耐心地观察莲池，花上好一阵时间寻找心中之象。还通过激起涟漪、抖落花瓣来创造心想之景。我们在欣赏摄影师作品时会有感于诗中景，共享诗兴，与此同时，看着落在涟漪上的花瓣和树影，暂时沉浸在多重的思绪中。在此地，观赏者的心里装进了新的诗兴与风景。

左边的照片中包含两个边框，实际的莲池边框和虚拟

△莲池，樱花与樱花树影。诗景和画景重叠为一景。
——仙岩寺，2014 / 作者供图

的倒影边框。观赏者欣赏着莲池中画景的同时，倒影边框中的花瓣、石山、荡起的涟漪就被解读为诗中景。现实中，正是莲池边框使得两种风景同时被感知。

使得现实自然得到抽象认知的莲池边框是韩国园亭的代表性空间形式。韩国园亭的莲池里共存着诗中景与画中景。于是，不禁心生疑问，尽兴而归的观赏者心中会重新留下怎样的记忆和追忆？这些记忆和追忆难道仅仅属于他们自己吗？抑或，记忆和追忆是我们都可感知的风景两面？

照片出现之前，绘画作为视觉媒体，是再现自然美最具影响力的艺术体裁。在园林史上，绘画与诗歌是相辅相成、相互影响的关系。人类对外部世界的解读是以语言和绘画为主要的艺术手段。因此，对园林的美学体验自然而然地通过文学和绘画直接进行传达。在打造园林的过程中，诗歌与绘画提供重要的概念性结构，并使得建筑完成的园林自然美能够得到欣赏。与此同时，诗歌和绘画作品又以游人如织的园林各处做素材，而这也正是园林史本身。于是，可以毫不夸张地说，园林的自然美在诗歌和绘画的视角里得到阐释，重新进行再构成。

回味起对于英国格洛斯特郡希德寇特花园的印象。我记得当时欣赏着各处的美丽花坛和野花，沉浸在独特的异国情趣里，走着走着来到了两百多米长的草地回廊的低坡尽头。瞬间，英国乡村的田园风光一览无遗，尽收眼底。那一刻，从平和的牧园风景，我突然联想到小说《呼啸山庄》里突然暴风骤雨的荒原，在如画的庭园风景里漫步，突然就迎来一场暴风骤雨。在那风景里交叠着呼啸山庄的荒原景象。回转脚步，耳中回旋的是凯尔特女人组合的长笛声，那笛声里包含着激情深藏于心的哀伤。主人公的脸庞，在风中猛烈作响的山核桃木树枝，还有希斯克利夫那句独白"我会永远在你身边！"交织的那一刻，诗中景和画中景抒情地交融合一，我至今仍对那一刻记忆犹新。

在园亭里体验诗意感性不是件易事。体验"诗中景"意味着需要以"诗"为媒介，提供一个在园林现场能够接触诗歌的机会。东亚三国古典园林里的诗作众多，演绎抒情风景的事例也比比皆是。现代以来，庭院诗作逐渐消失，诗中景的形成也不似从前。在韩国园亭，想要通过诗歌和诗中景体验自然之美，就有必要通过韩国现代诗，而不是汉诗，对风景进行全新的诠释与演绎。在园林里，题名或诗题的本质以韩文化的形式进行意义传达之时，诗歌和诗中景便能够更加深入地走进韩国人内心。如是般的诗道正在逐渐出现。

某年夏，我曾为一赏白莲而前往金缇青云寺，偶然间看到大雄宝殿上用韩文题写的楹联。内容尽管是佛教教理，但意义传达明快，表达方式柔和，观感也颇具抒情性。以韩文书写，直击人心。内容大致如下：

思绪万千理不断
花开胸前病苦散
念佛参禅身心净
烦恼尽消悟道安

△青云寺楹联之一
——青云寺，2012 / 作者供图

东亚三国的园文化都植根于汉字文化这一共同传统发展而来。汉诗和园林中的楹联对于中国人而言，是能够获得即时感动的文字。但汉字对于韩国人和日本人，感知度到底还是不同的，这正是汉字是外来语的缘故。

如今，韩国的汉字文化正慢慢消失。对于今天的韩国年轻人而言，不附解释的古汉诗只是陌生文字书写的诗歌作品，理解起来很困难。对他们来说，通过汉字，已经无法理解汉诗原本的情绪与内涵了。

在中国，书法和诗歌、绘画一样历史悠久。字体的独特形式美使得书法本身成为可能进行美学体验的领域。书法字体是一种艺术形式，书法的高超艺术性在于书写者经过长时间的习练才获得的艺术表现力。想要欣赏书法的艺术性，首先要了解如何运笔写字。普通人也能感知汉字作为图形文字所具有的卓越造型美。以汉诗为媒介的诗中景当然与诗歌内容有直接关联，但从另一个角度来看，诗中景相关的美学体验也可以通过书法得到传达。据此，我认为，在古代书法传统得到完美延续的现代中国园林中，有必要进行书法相关的新尝试、新实验。针对文字视觉造型性的关注与实验是东亚三国应该共同引起重视的未开拓领域。

俳句作为日本的大众诗歌，是一种很受欢迎的文学体裁。由于诗句简短。内容简略以及情感模糊的特点较为突出。也正因为如此，俳句反而更容易引发诗意想象。俳句由"五 - 七 - 五"，共十七字音组成。尽管是短句，但寓意深刻、想象丰富。根据读者的情感、时间、场所的不同，感想也会产生变化，解读也随之而变。俳句开始部分是表示季节的季语，以唤起特定季节的记忆，借此将诗中的美学意识含蓄地进行表达。诗句简短，为了能够让读者细细品读，俳句中定有一个进行停顿的"切字"。只有这样，寥寥几句的诗歌才可使我们获得无限的感动与想象。例如："伊呦（音译）""唠酷呐（音译）"。俳句作为短诗，不像散文那样可以进行大篇幅的具体描写。但也正因为此，俳句之美就在于，作者和欣赏者可以自由填补未能用诗语明确表达的余白部分。俳句正是通过含蓄的情感表达成了日本人生活的重要组成部分。

俳句的诗意想象与多色木版画浮世绘相结合，一幅完整的诗中景就诞生了。浮世绘在江户时代一度非常流行，主要描绘当时的日本风俗与生活面貌，也出现在歌舞伎剧场招牌上。俳句同好会，即俳人在制作礼物用日历时，开始使用这种彩色浮世绘。因为画家十分关注普通人的日常生活，所以浮世绘上注重刻画能够读懂人心的内容。俳句关于自然的抽象和冥想性的想象与从世俗视角描绘人心的浮世绘都是如实展现诗中景与画中景的艺术形式。俳句与浮世绘的结合作为表现日本人心象的代表性艺术形态深深植根于日本文化中。[①]

俳句，将对人与自然的诗意感性通过简短而含蓄的方式进行表达；彩色版画浮世绘，则通过将对象概念化，进行简单明了的刻画。二者给庭园艺术的焕新与再现提供了

---

① 松尾芭蕉・与谢芜村，2016，《俳句、浮世绘和江户时代》，小林一茶，金湘译，达芬奇，2006，54—55。

诸多启示。日本的文化遗产——俳句与浮世绘未能在庭园中得到再现的现状，让人不可思议。日本关于庭园的基本认知仍然停留在从"前栽"出发，到现在还停留在一个方向上展开的平面画面构成上。日本庭园艺术是不是应该尝试去发现：摆脱远景的借景，强调立体空间意识（认识）的造型性。俳句的抒情性通过画中景得到阐释之时，真正的日本庭园将会再现。

从园林中看到的风景，常常因第一眼无感而忽略。但某一瞬间，如果读到十分感人的文字，伴随诗意想象再看到风景的那一刻便成为一幅画中景。这对于欣赏者是与众不同的意义与体验。通过诗中景与画中景，园林之美在每个人的心中着色为不同的内容。在园林里理解自然美的路径上和创造美的过程中，两种风景深深地相互作用。照片是通过一个场景同时表现诗中景与画中景的这一风景的两面。

与此不同的是，园林里的两种风景通常是在不同时间、不同地点体验到的。不过偶尔两种风景也会同时出现。但是，与其说观赏者是在同时体验两种风景，倒不如说恰似在欣赏画卷，将在庭园各处感受到的美联系起来进行自我体验。读诗时，读者会在脑海中自主地描绘景象，在感受中获得独特的抒情性。欣赏风景画时，观赏者会不经意间走进画卷里，四处游览，然后心中开始描绘再生的新意象，打开想象的世界。风景的内容与感受并不只出现一次，而是在众多场景里不断地轮换出现，最终形成一个总体形象，并且作为另一道风景被记忆。静静体味再现过程时，我们便可以体验到园林的另一种美。

2. 画中景

　　欣赏美丽的风景时，人们常赞叹"风景如画"。也就是说，欣赏风景如同欣赏画作一样。当然，这里所说的画是指风景画，是画家用眼睛和心灵发现的自然之美，并用自身独特的方式表现出来的作品。但风景画并不只是描绘眼中所见的自然风景，它还体现了画家对现实世界的认知。因此在画中领略到的风景就是画中景。

　　画家用山水画描绘自己感受和选择的自然，通过狭小的画幅可将广阔的自然景观尽收眼底。画中可同时再现高山幽谷，却无法同时包揽冬夏之景。这是因为作诗受空间限制，而作画受时间限制。仔细观赏一幅画，不难发现画中融合了多个场面，而这每一个场面本身就是我们记忆中的一个片段。画家用巧妙的方法把这些场景整合在一起，再通过一个场景呈现给我们。以抽象画为例，就是把一些片段式的场景彼此毫无关系似的结合在一起。观赏者仔细观看这些片段式的场景，就可以领悟到整体的意境，通过自己的理解，进而构建自己内心想象的世界。所以绘画与戏剧、电影不同，戏剧与电影中各种场景画面持续出现，营造着一种具有整体性的不同以往的风景。

画家在画中所描绘的场景会比现实更加鲜明。那是因为经过了心灵的过滤，所有场景已在画家心中着色，所以看起来会比现实中更美。对于自然，画家大抵都有一种倾向，就是用不同寻常的色彩引导观众产生与现实不符的想象。如果画家在与实际不同的角度上重新构成选择对象的话，那么观众根据所看到的事物关系，就会从不同的角度进行观察。就是在这个过程中，观众的脑海里会出现画中景，会构建出不同于现有世界的自身独有的风景。画中景就是在这种观赏以及体验画作的过程中产生的，画中景是通过绘画形成的内心风景。

画家通过形象展示自己想要描绘的风景。这个形象实际上是指事物刹那间停止移动的静止状态，构成这个形象的要素也会同时出现在平面空间上。

在西洋画中，画中景主要是在形态解体过程中被创造的。而越是进入现代，绘画越倾向于抽象，这是美术的自然趋势。因为画家是希望能够向观者如实展现自己用心观察现实的那种心境，也就是画家试图通过内心形成的抽象形象来展现现实的真实面貌。在西洋画中，画中景是通过解体的自然形态和果断大胆的省略引出另一种风景。画中景是在画家的眼睛和观众的心灵之间形成的另一种风景。

从文艺复兴到 19 世纪，西方美术作品致力于将现实原封不动地反映在画中，无论是谁，都能一眼看出画的内容。但是在 19 世纪末期，出现了印象主义派画家，他们描绘自己眼中看到的主观性的光彩和颜色。进入 20 世纪后，画家不再描绘眼中所见之景，而是纷纷开始创作抽象画，尝试用简洁的线条和形态象征性地表达自己的心理或精神世界。这种倾向也影响着他们看待自然的具体态度。

画家眼中的自然并不像照片那样只对事物形象进行单纯的复制，而是要描绘出符合观察者想法和认知的形象。这种倾向在印象派画家的画中体现得尤为明显。画家克洛德·莫奈是以追求庭院的印象派画风而闻名的。他定居在巴黎近郊的吉维尼小镇，在那儿亲自建造了一个庭院，描绘那里的美丽风景。其中《睡莲》系列作品以强调从形态上感受到比现实更为强烈的印象而闻名。他以庭院为对象所作的画就是展现画家眼中的画中景与普通人眼中的庭院风景有何不同的一个最典型的例子。莫奈所画的庭院场景，是在现实中很难找到的，莲花池中的睡莲也一样。这是因

△画家的眼睛和照片以不同方式认识同一对象。上面的画中是莫奈自己心目中解读的睡莲，画家把丰富的空间因素极致压缩进行表现。

——作者供图

为画家在绘画时使用了名为"记忆"的滤镜来将真实的场景再现。实际的睡莲已经消失，取而代之的是"对睡莲的想象"。这样的画创造出的风景就被称为画中景。画与画中景的关系，就如同诗与诗中景的关系。与通过诗能感受诗中景一样，画也能通过画布形成画中景。观赏莫奈《睡莲》系列作品的人通过这些画作便可从与实际不同的角度看待睡莲这一自然景观，当他们再次看到实际漂浮生长在池塘里的睡莲时，会将它与在画中看到的睡莲形象相结合。画景重叠，事物的形象也更加丰满。

在东洋的山水画中，赋予近景的房子或岩石以立体感，将远景的树木或山峰以天空为背景进行平面投影描画。前、后景的中间地带则进行模糊处理，营造出迷雾笼罩的意境。因为这个中间地带的存在，山水画中巨石、山河、浓雾弥漫的桃园、隐士生活的幽居等能够共存于一幅画作中，并占据重要位置。东洋画的优势是远观的视角。在以勾画大规模的山水之景为主的东洋画中，远景也十分重要。东洋山水画的构图虽然在实际中不可能实现，但在画中却可以随心所欲地缩小和扩大空间。东洋画与西洋画空间构图的差异是由于画家观察事物时视点放在不同位置上而产生的。即在西洋画中，画家构建的是从一个视角观察事物两面的可视空间。与此相比，在东洋画中，画家既从多个视角看

△ 郑敾，《从断发岭看金刚山》
——《辛卯年枫岳图帖》，国立中央博物馆收藏，1712

待事物，又从移动视角描画事物。此时的移动视角不是指视角移出画外，而是视角在画里移动。[1]

伴随画卷的展开，东洋山水画中的各个场景依次显现，然后慢慢消失。在场景变换的同时，观赏者脑海中也会产生另一种想象，在这一瞬间画中景便诞生了。欣赏画作时，观赏者脑海中构建的场景与画作中的场景不同。画中景通过现成的另一种方式达到"画中画"的效果。例如，在描绘房子内部环境的作品中，可以看到画有屏风的房间，在房间的屏风中又可见到画有屏风的房间。观赏者在看到画的瞬间会将房间内的屏风视为画中屏风，在画中首先看到房间内的屏风画会将房间认为是真实的房间。观赏者会产生一种"幻想"，望着画中画，会把先看到的画误认为是现实，只把"画中画"当画。在产生幻觉的过程中，观赏者心中便形成了画中景。

中国园林试图将广阔的自然融汇在狭小的空间里，所以仿佛欣赏山水画卷一般欣赏园林风景的技法经常被使用。每一处风景节点都有意地展现出山水画的情景。来访者沿着园路观赏着各处的风景，不同的场景仿佛电影画面一样重叠。在这一过程中，画中景的特征得到凸显。虽然每个场景都有不同程度上的差异，但视觉上的"幻想"被巧妙

---

① 金宇昌，《风景与心灵》，思想树，2006，78.

地设定。其中，代表性的例子就是盆景，观察在小小花盆中浓缩着漫长岁月的树木姿态变化的过程时，"幻想"就已经产生。

如果说绘画和园林都是风景的再现，那么它们再现的方式是不同的。画家试图用一幅画将自己的精神世界和事物的形象统一起来，并将其有意义地展现出来。而造园家则想让观赏者在参观园林的过程中能够将多个场景重叠在一起进行认识鉴赏。二者的方法不同。在园林中演绎画中景时，只有使观赏者产生诗意感受，两种风景作为美学体验，才拥有其意义。漫步于园林中，到处展开的美丽场景都需要借某种契机与诗歌抒情性相结合，只有这样那些场景才能统合为画中景而得到认知。

在出发和到达之间经历多层面视觉认知的意义上，体验西班牙圣地亚哥朝圣之路或者行走在济州环岛越野路上的过程与在园林中欣赏风景的过程有很多相似之处。游客在朝圣之路拍下的印象深刻的风景照片，就是珍藏在他们心中的画中景。把这些照片重叠起来，就形成了另一道风景线，这些组合在一起的照片便会刻印在记忆深处。不像走在朝圣之路上遭受肉体之苦一样，在园林中体验空间变化时，园路上的各种场景堆积在一起，形成复合性形象。从入口到出口，来访者可以产生多层次的视觉感受，从而能够描绘出整体风景。

18世纪，文人俞晚柱先生在《仁智洞天记》中记述了其想象中的园林（仁智洞天）的相关构想。他将前往仁智洞天的意识流通过虚拟风景重叠，引发读者想象。

离开东大门，在过第二座石桥之前往北拐，就进入了颍东别墅。上百棵高大柳树的出现，仿佛切断了与尘世的一切联系。以柳树为界，让路过的人无法找到神秘世界到底藏在哪里。篱笆尽头右侧是一望无际的春梦池。蒲苇和芦苇，菱角和柳叶恣意生长，散发着浓浓的江湖气息。堤上平坦的路两旁杨柳低垂，遮蔽着道路。这里是大堤池，池中堆着石头，池中有一小岛，取名"籁空屿"。在花草树木茂盛的地方藏着一个小亭子，名为"宛在亭"。亭旁泊舟，舟船往来。如果能再次来到大堤上，就说明已经了解了整个村庄。这里三面环山，松树茂密，峰峦起伏，气象清明。东有东顾峰和东望峰；西有西顾峰；北有万松岭，这座山峰也被称为北顾峰。东顾峰下种着千棵桃树，红花绿叶十分茂盛，各种奇特品种应有尽有。这个花园的名字是荷园，里面有武陵亭，可在亭中俯瞰风景。岩石上刻着"荷""园"

两个大字。花园右侧有一溪谷，名为钦止壁。"钦止壁"三字用米元章的擘窠体雕刻得很大。

这篇文章以给景物命名的方式来营造画中景的层次。读者从文章中可以欣赏各种风景。首先形成了以颍东别墅、春梦池、宛在亭等命名的景物形象。然后描绘周围的风景，将景物扩大到风景中。接着把寻找那些风景的过程设定为心象。为了感受到实际路径，将意识流同步化，即保持场景和意识流一致。这样就形成了个别景物的形象层次，与周围景物相融合的风光层次，以及这些风景根据旅行路线形成的新的心象层次。《仁智洞天记》所设定的层次是由文字而生的心象层次。这种心象是根据个人构建的复合形象层次，是据读者想象而生成的形象。这个形象如不转换为画中景，就无法再现园林的自然美。在园林中，画中景对体验自然美起着决定性作用。单凭视觉层次，意义不大。而这些形象如何排列决定着体验的质量。

我走近宣传板，这块宣传板是以电视剧《海神》（讲述张保皋一生的电视剧）的影视角色为主人公设置的。我把脸露出，便可以拍照留念。照片里的我仿佛置身于中国唐代的新罗坊。拍照者设定构图便可以把背景放进照片里，以这种方式与演员见面，往返于中国新罗坊。此景中，同

△全罗南道莞岛郡《海神》拍摄场地新罗坊
——作者供图，2005

时可见背景中的新罗坊街道和两个天空。看着这重叠的背景，短暂穿梭于现实和虚拟之间。在这个场面中，有多个视觉层次。远处的天空、新罗坊后山、《海神》宣传板、电影演员、照片主人公、拍照者，最后是目睹所有场面的观察者，至少有7个层次重叠在一起。最后观察者的立场是多个层次创造出的另外的认知层次。在认知空间的过程中，视觉层面对认知层次的形成起重要作用。

新罗坊所设定的层次是在同一位置重叠多个框架。实际上，大多是在庭院里四处走动的时候才认识到这一点。

但是重叠的场景并不是按照一定的顺序整理而来的，反而是杂乱无章地在脑海中留下记忆。被认为是虚拟现实的框架在记忆中与现实框架也无分别。因此，虚拟现实在认知事物全貌的过程中又扮演了另一个角色。在现代庭院中，引入虚拟现实重新解读自然意义的例子比比皆是。与电影不同，庭院的特点是主人公并不明确，可以说，电影的主人公就是在观赏着的自己。

通过主人公的眼睛去认识园林的画中景，这就是欣赏园林自然美的过程。

庭院和植物园是展现自然变化和自然美的代表性场所。特别是去展览室的话，通常在那里能够一眼就感受到四季的面貌，超越时间和空间，一次就为观赏者提供了多种多样的视觉满足感。在这里，如何描述其内容的方式与如何在庭园中设定视觉层次的问题产生了直接的关联。

下页图①的照片中，庭院的四季尽收眼底。花开着，雪也下着，这时观赏者会再一次感到新奇，"原来有这样的地方啊，原来还有那样的花儿啊！"图②是在抱川登长白山时的照片，它的下面是在长白山上看不到的花正在盆景中开放着，观赏者在一个地方同时体验两种风景，如果换幅画挂在这里的话，就可以到达地球上的任何地方，不，甚至可以漫游在火星上的红色荒野。

①

②

△以不同的说明方式展示植物园四季的视觉层次事例。
——京畿道抱川市平康植物园，2010 / 作者供图

如果把图①的说明方式比喻成一桌韩餐的话，那么图②就是各种食物依次出现的样式。视觉层次一个接一个地出现，然后累积叠加起来。想要观赏庭院四季的话，就要耐心地等待，直到所有的层次重叠。观赏者对此不用选择，每到这时都会欣赏到自然美。而在上面的照片中，视觉层次是在平面相结合的。由于多个场景同时展开，可以一次体验和感受一切，其对象可由观赏者自由选择。如果观赏者在园林中边漫步边欣赏自然美的话，根据地点、空间和风景，可以预想同时观看和感受两幅画的代表性体验方式。实际上，在园林中，两种方式的视觉层次在本人尚未意识到的情况下不断交融，与此同时，观赏者就能体验自然之美。

在电影中，视觉框架接连不断地出现。在探索宇宙未知奥秘的电影中，画面会随着光线不断地展开，让人无法预知其结局。无休止的场面刺激了人类的好奇心和探索心。类似的例子还有俄罗斯套娃。拿起一个套娃，同样的形状就原封不动地出现，不管拿起多少次，它的形状还是一样。好奇心和兴趣就由此而生。另外，驾车通过隧道时，通常会把视线集中到隧道尽头，如果看不到尽头，就会感到憋屈和乏味。如果此时单调的隧道内部出现视觉上的趣味要素的话，就能摆脱这种乏味，即通过视觉层次适当引导意识的流动。

乘坐高速铁路时，乘客们可以体验到多种视觉上的变化。在列车内等待出发时，乘客们呆呆地望着窗外人们忙碌的身影。不一会儿，列车运行，眼前的场景会很快过去，变得模糊不清。随着速度的加快，窗外每隔一定的时间，就会出现完全不同的场景，乏味的风景从记忆中消失。列车飞驰时展开想象的翅膀，乘客们暂时把所看到的风景认为是非现实的诗中景和画中景。又过了一会儿，列车慢慢到站，乘客们又回到了日常生活。看着映在车窗上自己的身影，重新回顾被关在"现实"这个缓慢窗框中的自己，在快速飞驰的列车上所看到的景象就像在看电影一样。在高铁上看到的风景，以与现实保持相当的距离间隔出现时，这一特殊的画中景像电影场景一样被认知。这时设定的时间间隔和内容的层次决定了体验是否具有活力。

在园林中也可以用同样的原理排列视觉层次。风景的活力可以通过构成视觉层次的方式得到体验。如果像中国上海的豫园那样，出现框架连续重叠的视觉层次，就很容易让观赏者产生要朝着这个方向前进的意念。特别是像照片一样在走廊或通道里反复出现框架的话，就会感受到方向性和活力性。另外，因为框架本身就有很多种，所以框架本身在显示视觉多样性时也能让人感受到空间的活力。

在电影里，框架的制定非常自由。但在庭院里有很多制约因素，不能像电影那样将视觉层次设置得非常多样化。视觉层次不是单纯地制定框架，也不是单纯地延续框架。在庭院中，只有非常巧妙地排列视觉层次，才能传达其意念中的空间意义。与电影不同，在庭院里的某一处眺望风景，可以同时拥有多个方向不同的视觉体验。最终，通过体验多种视觉层次，感受到多种多样的自然美。透过多样的层次，鸟瞰庭院的自然美，观望姿态细节，在心中想象自然的宏大图景。

东亚三国园林文化的差异体现在画中景的设定方式上。三个国家中，中国园林呈现出最多样的视觉层次。在引景于微缩自然的园林中，为了再现原本广阔的自然山水，需要重叠多样的视觉层次。中国园林主要借走廊和楼窗叠加视觉层次。通过各种走廊和画窗，把周围的自然引入框架。比如，位于苏州的清代著名园林——网师园，甚至将走廊叠加成两排，通过双重视觉层次欣赏自然。中国园林里，从回廊观望的自然美通常都带有强烈的人工审美取向，就像品尝使用各种调料烹饪的食物一样。因此，在园林中，只有全面体验各种层次，才能把握整个园林的自然美。在中国园林中，框架就像挂在墙上的相框一样垂直，重叠的方式也是垂直面直接重叠。普通的石堆和花木也是遮蔽后展露出来，被禁锢在框架里。通过看到部分而想象整体的手法，达到"以小观大"的目的。漫步在走廊上，望着框架里的人工自然，中国人想象着宏大的自然山水。

园林将自然用栅栏围住，划定其空间范围。在其中融入诗意感性与画中景带来立体体验。诗中景不一定以读诗为前提。在园林中，当诗中景和画中景由"动态"这个要素来进行体验时，其风景就已经具备美学体验的意义与生命的活力。在重复这一过程时，就能体验到园林之美。园林艺术正是为了能够把这样的场景演绎出来而进行的巧妙的风景创作。

3. 文学想象，诗中景

　　如果说画是空间艺术，那么诗就是时间艺术。媒介不同，表现风景的方式也不同。读诗的过程中，在心中通过想象而形成的画面就是诗中景。在画中，经历、情绪和喜悦的源泉都是直接可见的对象。与之相反，诗并不直接描绘可视世界，而是通过语言进行暗示。诗的字里行间，词汇所蕴含的意义相互结合时，读者的想象力就得到激发，在其心中形成各自独有的形象。此时出现的诗中景便会与真实的风景相重合。通过艺术作品，我们间接体验到了艺术家从作品对象那里所感受和体验到的内心世界。从中所感受到的作者的主观情感和特殊情绪被称为"抒情性"。诗中景便是诗的内容引发抒情性时产生的。

　　抒情性以主观体验为基础，根据诗的内容和氛围而不同，有其作用的基本条件。那就是使用暗含"动态"感觉的词语。也就是说，当诗中经常使用包含动态形象的词语时，诗的氛围很容易马上转化为诗中景。在表现上，如果强烈地表现出事物的动态，并将其与风景要素结合起来，那么风景就具有了抒情性，并在读者的脑海中形成诗中景。

春天，前院开满了山茶花。斑鸠突然扑棱一声飞走了。浓浓的晨雾中，桃花盛开，朦胧间，凄凉的风铃声打破了寂静的风景。

拍打在芭蕉上的雨滴声让人瞬间忘记了盛夏的酷暑。

鹅毛大雪落在池塘里激起一片涟漪，不知池塘里的鱼是否知道。

上面的句子里，所有的风景要素都是动态的。用画表现这一场景时，可以更强烈地从诗中景中感受到抒情的氛围。这是写诗时常用的一种手法。

老树梅花发，
风鸣脩竹林。
山人踏雪至，
诗句自长吟。

这首诗中，风景的视觉形象始于梅花盛开，山人踏雪。接着是在竹林里听到风声，山人在吟唱诗句，使形象听觉化。在诗中，风的实体是看不见的。即便如此，人们仍然能感觉到好像风从竹林中吹过。这是因为这种感觉和画面已经从静止的风景转变为动态而充满活力的诗中景。这首诗中提到的"梅花、竹、山人、雪"是常见的风景要素。但是这些要素能让人感觉像是在做什么动作的原因是使用了与其相符且恰当的动词。"发、鸣、踏、吟"等动词告诉了人们风景的状态并不是已完成而是在进行中，从而使风景活物化。[①] 这些风景在园林中屡见不鲜，由于某种契机使观赏的人在心中勾勒出不同的诗中景。诗中景与画中景在园林中相互交织，引出另一种美学体验。园林之美就是通过这两种风景体验到的。

在园林中，亭子上的楹联、匾额和题画诗是营造诗中景的代表性手段。通过这个手段在观赏者心中形成的诗中景，对为园林的画中景注入活力具有十分重要的作用。苏州网师园的池塘边有一座美丽的亭子，名为"月到风来亭"，与之相关的诗句有"月到天心处，风来水面时""晚色将秋至，长风送月来"等。

---

① 朴明会，李达题画诗的形象化方法，《韩国语言文学》44，韩国语言文学会，2000，81—93.

△月到风来亭的日与夜
——丁宝联,《苏州园林》,香港大道有限公社,1987

通过亭子的名字就能很容易地想象出这座园林的景色。"月到风来亭"这个名字里既有月也有风。亭子和月光构成了一幅画,而风是使人能从画中感受到诗意抒情的动态风景要素。画中景和诗中景通过风结合在一起。白天看到的亭子是一幅风景画。画中没有月亮也没有风,但是它们挂在、刮在亭子的匾额上。因"月到风来"这个名字想起的诗句给平静的风景注入了活力。诗使如画的风景变得生动。一接触到诗,风就吹过来。在白天,可以想象夜晚的风景。因为解读风景的前提是"慢"心态,所以园林之美不能像音乐或绘画一样进行亲身体验。在诗意地感受对象时,用诗情画意的心灵和眼睛欣赏隐藏在各处的美丽的画中景时,就能体会到它的美丽。诗中景与画中景的形象相互转变，丰富了园林之美。

绘画可以引导人们关注所表现事物的本身。而诗不同，不仅向读者抛出语言，还诱发读者想象，丰富形象层次。园林之美是诗中景与画中景同时或交错呈现，将风景个人化、具体化，最终以风景为媒介，绘画构思和诗意想象在园林中得以具体化。反过来，这两种风景又会在如诗如画的想象中再次发挥作用。

在东洋山水画中，写进画中的诗被称作题画诗，题画诗是以画为对象而创作的。此时，写在空白处的一首诗用诗意想象完善了从画中联想到的形象。画是一种静态的、平面的艺术，往往很难将动态的、立体的内容都包含在一幅画中。题画诗弥补了这一缺点。既然诗和画在一个画面里，那么题诗的位置当然会影响整个画面的构图。早期，诗人只是在画面的空白处题诗，在画面构成上并不突出。之后逐渐开始注重画与诗内容上的相通，以及诗的画面布局，还非常重视题画诗的位置所带来的空间美感。所以画家会先留下题诗的空间，并将题诗的形式或字体、空间的大小、绘画的题材合为一体。从秋史的画作《不二禅兰》中可以看到题画诗的绘画构成之妙。看着画中的诗和兰花，我们超越了诗中景和画中景的意义，想象出了另一个层次

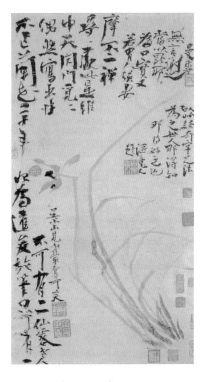

不作兰花二十年
偶然写出性中天
闭门觅觅寻寻处
此是维摩不二禅

始为达俊放笔
只可有一
不可有二
仙客老人

以草
隶奇字之法为之
世人那得知
那得好之也
沤竟又题

△《不二禅兰》
——金正喜，个人收藏

上的风景。

从这幅画中可以看出秋史体的真容。时隔20年所画的兰花中，表现出秋史陶醉于佛家深奥思想的精神世界。绘画的缘由也自然而然地渗透了画。题画诗表现出与画中兰花在造型上的对等平衡性。用自己的字体风格书写，依据佛家思想背景进行绘画。诗中景因兰花而怀有香气。一首诗嵌在画作的余白处，立刻填满整个画面。经过余白处时，诗中景、画中景便在脑海中勾画浮现。这是展现"诗画书一律"这一艺术完成度的完美事例。

如果离得太近，很难把握整体诗中景；离得太远，又很难准确认知诗中景。因此，在讲述如何作诗的书中谈到风景时指出，应适当地保持"空间上的距离感"和"时间上的距离感"。空间上的距离感是通过视差产生的，而时间上的距离感是通过时差产生的。

视角的不同，即视差，就是从不同角度来看风景。换句话说，有时人们会因为某种契机而从完全不同的视角看待诗中所表现的普通事物或风景，而这个契机就是时差。诗人为了让读者看到一个完全不同的世界，会试图找出事物或风景的某一面，或是具有完全不同意义的模样。在让人们从完全不同的角度看待事物这一点上，诗人和摄影师可以说是相似的。

另一方面，在诗里有时会将季节提前或将过去的季节带入记忆中，从而引发诗意想象。想要拥有时间上的距离感，就要在体验的时间上有所差异，这就是时差，字面意思是指时间间隔，一般是通过"缓慢的美学"来实现。即改变时间的流逝，"缓慢地"体验。缓慢地体验是在音乐、电影及园林艺术中表达抒情性的前提条件。在园林中体验到的自然美，一定是在时间和空间上保持一定的"错位"和"缓慢"的状态下所享受的美。

作者是使风景中刮起风的人。当诗人眼中的风景刮起风时，我们就会进入无法控制的风暴之中。小说《呼啸山庄》以位于英格兰约克郡荒凉的呼啸山庄为背景，描写了一个男人戏剧性的爱情故事。一个渴求永恒爱情的男人因盲目执着而导致的戏剧性结局，比山庄里呼啸的风暴还要猛烈地震撼着我们。希斯克利夫的激情像是一场呼啸而过的风暴。比起可怕的暴风雨，我们反而更加强烈地感受到了小说中展开的激情和事件的反转所带来的情感旋涡。

故事开始于被暴风袭击的呼啸山庄，也在此结束。孤儿希斯克利夫进入欧肖家后，一个悲剧也就随即开始了。因为希斯克利夫倍受主人欧肖的宠爱，所以遭到了主人的儿子辛德雷的强烈忌妒。在这样的情况下，主人的女儿凯

△通过文学想象看到的呼啸山庄
　　——作者供图

瑟琳成了他唯一的朋友，用快乐的回忆战胜了艰难的时光。欧肖死后，辛德雷加剧了对他的折磨，连深爱的凯瑟琳也嫁作他人妇。痛苦的希斯克利夫愤然离开了呼啸山庄。时光飞逝，一天，希斯克利夫再次出现在他们面前。他为了重新找回凯瑟琳的爱并报复辛德雷，开始逐一实施他的计划。最后希斯克利夫把两家的财产和孩子都据为己有。但是希斯克利夫命中注定的爱情，最终以埋葬在凯瑟琳身边的自我毁灭而告终。女佣看着并排在呼啸山庄教堂院子里的两人墓碑，读着希斯克利夫临死前一边怀念着凯瑟琳一边喃喃自语的独白。

　　我再也见不到把脸埋在我痛苦的怀里安慰我的她了，只有冰冷的暴风雨在肆虐。现在我能做的只有一件事。那就是不再离开她身边，和她永远地在一起……

爱着希斯克利夫那不屈服于逆境、不被命运所驯服的原始纯真的凯瑟琳，希斯克利夫对凯瑟琳那充满了危险的热情，以及不能拥有对方而最终只能摧毁对方的原始激情，这些未知的悲剧性的叙事将我们带到了暴风雨中的呼啸山庄那阴森的环境中，令我们十分揪心。

此时此刻，也许会有人来到哈沃斯村，在呼啸荒原里徘徊。手里拿着明信片和电影《呼啸山庄》的原声CD，为了寻找小说中的风景，四处游荡在哈沃斯的原野上。当他们意识到"呼啸山庄"是在任何地方都找不到的地方时，便会转身离去。看着车窗中那与凯瑟琳重叠的自己的脸，旅者会再次忆起呼啸山庄。但是回到日常的旅者内心已经被不同的风景所覆盖。在旅者心中，诗意想象和荒原风景相互交织。两种风景相撞，刮起风，激起涟漪，掀起波涛。在那其中，我们听到心灵的风车声。希斯克利夫静静地沉睡在我们心中，如果哪天起风，那么呼啸风暴会再次来临。

第二章 美学体验与园林美

1. 花的自然美

　　花不仅可以代替记忆和回忆，以及表达想要珍藏的心意，更是宣告爱情、葬礼、婚礼、入学典礼等记忆被重新唤起的连接纽带。这与花的种类没关系。花和树珍藏在记忆里，在某一契机，以一幅生活的画面神奇地重现。花与树是解开生活这道谜题的暗号，也可以由此解读一个人的生活。通过花，在心里短暂停留的记忆与回忆成为瞬间与永恒共存的风景。花或树是通往一个世界的心灵之门。所以，花儿盛开、草木茂盛的花园便超越了美丽，成为一本带我们回味、回忆、悔恨与喜悦的相册。岁月流逝，相册中的照片张张累积，颜色也点点褪去。

　　此时，花与树已成为抽象化的形象。这一形象使看到花和树的那一瞬间的视觉形象与隐藏在观赏者心里的记忆相互作用。来访者可以同时欣赏到从花本身感受到的自然

美与记忆中的美。这一过程在美学体验过程中非常普遍，
是生活中的常见之事。

开往玫瑰花园的巴士

满载浪漫的日常

她从巴士下车的时候

被夕阳浸染的玫瑰们在呐喊

她从巴士上下车

人们并不知

她独自一人

年纪是脸颊上盛开的玫瑰

夕阳色红晕

悲伤装在雨天开往玫瑰花园的巴士

一场浓郁的玫瑰邂逅

她的悲伤飞驰

缠绕在玫瑰花园，身患劳疾

每至此时，玫瑰点点凋零

在玫瑰花园因为悲伤而口渴的玫瑰们

才得以和她相见，沉浸在悲伤里

她并不回避残缺凋零的玫瑰

正面审视着

她肩负着的生活重担

向着转瞬盛开便枯萎的玫瑰

走近被她的悲伤同化的玫瑰

反复着深情的交合

向着她的香气

紧抱悲伤袭来而枯萎的玫瑰

看着锐利的花刺，亲吻

她的悲伤遇见枯萎玫瑰的悲伤

玫瑰花园如夕阳般深邃朦胧

——温亨根《她的玫瑰花园》

　　诗人以悲伤的心境来看玫瑰。这里的玫瑰没有颜色，锐利的花刺刺痛着悲伤的心。抚慰着被悲伤包围而凋谢的玫瑰，看着锐利的花刺，亲吻后凋谢的玫瑰的悲伤，玫瑰花园如同夕阳般深邃朦胧。玫瑰花园如同夕阳般深邃朦胧。如同夕阳般深邃朦胧。深、邃、朦、胧……

　　诗意想象引导人们一边抱着凋谢的玫瑰，一边回顾她人生电影最后的场面。电影最后的场面里，玫瑰会映射出怎样的颜色呢？读完诗的画家会如何描画女人与玫瑰呢？

　　"孤独站立在广阔田野里的大树"是摄影师喜欢使用的素材之一。照片里，摄影师通常通过大树那孤傲的姿态与

△拼布之路
—— 日本北海道美瑛，2008 / 作者供图

一望无际的广阔原野来简单化构图。这样的场景是日常生活里并不常见的风景，即使是照片也是有欣赏价值的。正是由于它的独特，摄影师才心生喜爱把它收入相框里。作品的构图因摄影师的不同而各有美妙之处和不同风味。树木的原始形态、广阔草原的色与光，还有引发诗情的风、云的形象等，通过摄影师的眼睛，自然的多个抽象性面孔得到了暗示。

在原野上劳作的农夫只能看到树木什么时候开什么花，而摄影师的眼里能够看得到装进相框里的抽象化的独特自然。这恰似在庭院里将花和树与日常区别开来展示，从而努力营造出一种特别的风景。不管以何种契机，只要花树之美与观赏者的记忆相联动，关于庭院与众不同和特殊之处的好奇心便会被激发，而这正是审美体验的初始阶段。

自然美是以自然为对象、各种审美意识为基础而进行表现的，最具代表性的是形态美。观赏自然的风采和修饰的面貌进而感受美。例如，矗立在海边展示优雅身姿的朴树，让人心旷神怡的草原野花群，倒映在莲池里的月影，能让人感受到岁月痕迹的槐树树干表皮，等等。在这里感受到的美是基于人类无法创造的不可能性以及由此产生的神秘感。对于特别的、奇异的、神奇的事物产生好奇心是人类的本能。但此情况下，只有在前文所提及的整体与部分的认知过程成立的前提下，"美丽"这一审美意识才有可能产生。人类绝不可能复制出这种类型的审美对象，但人类可以以抽象的、单纯的形态进行替换，即通过抽象化过程再现自然的形态美。大理石雕刻而成的大卫雕像是抽象化人体的单纯形态。但是大卫雕像不是单纯的大理石石块，而是认知人类身体时从石块转化而成的审美对象。如此，庭院里的花也不仅仅是花，当花被认知成其他花的象征时，它的形态美就被转换为审美对象。

照片里的俄罗斯鼠尾草的紫色是无法用颜料再现的，这种颜色本身十分迷人和神秘。叶子在微风中摇曳，花香在风中弥漫，我们会暂时沉浸在诗意情绪中。而这仅仅是

△俄罗斯鼠尾草在整个园林中创造着另一种自然美

——日本北海道札幌莫埃来沼公园的野花花园，2008 / 作者供图

△皮特·奥多夫设计的德国巴特德里堡花园（Gräeflicher Park）
——作者供图，2013

一瞬！当视线转回，就会被其他野花的绚烂模样吸引住。
从远处看时，此景仿佛是一幅水彩画，眼神完全被吸引住，
观赏者也走进了画中。其后从花的幻影中脱离，重新陷入
鼠尾草的悠悠香气里。来访者就这样穿梭在部分和整体之
间，通过花和树重新体验自然美。在庭院中，可以轮流体
验从个体中发现的纯粹的自然美和鸟瞰整个庭院时感受到
的视觉的平衡和协调、氛围的活力和诗意。因此，园林里
的自然美具有从多层面体验的特征。

美术教育中包含有隶属基础训练课程的构图美训练课。这是一门为了熟练掌握人工造型美，自由地构成各种颜色和形态，找寻色彩和形态美的课程。再现过程中，自然素材通过人的创造性思考而得以再构成。花本身就很美丽，如果形形色色的花创意性地进行重新排列就会显现出另一种美。通过这样的排列和组合而获得的审美意识伴随意识流或样式与颜色的均衡强烈地聚焦时便会加倍。结构美在自然形态进行抽象化重组的过程中散发出造型美。因此，当人们满足于安定、舒适的环境带来的富足时，这一切就转换为审美意识。在这一过程中，由于文化差异，各种各样的园林样式就出现了。

与自然的形态美和结构美中感受到的美相比，更具整体性和戏剧性的感动是从表现美中获得的。如果粗犷大胆的素材与细小柔软的素材相结合，就能感受到深深的感动。有时粗犷，有时古典，偶尔又流露出的正统风格的美妙氛围，正好传达出表现美。这就是从自然中感受的气质或气势。在电影中演员无论担任何种角色都会流露出个人独有的风采与个性。表现美是指每个演员各自的个性与气质通过独特的方式参与事件展开而传递给观众的感动。电影真正的乐趣就在于观看演员之间的个性发生冲突。在此基础上，赵志勋（音译）追加了精神美和超越美来区分审美类型。他主张，超越美在整个艺术领域里都能够被发现，超越美是"超越细致、单纯，显现出的另一种水平上的变化之妙"。

在庭院里抽象化自然时，如何展示和排列花最为重要。毫不夸张地说，花艺设计是园林设计的全部。尤其是在欧洲园林经常出现的花艺展，用一句话概括就是如画一般。即以绘画为基础。和绘画的基本技术从颜色、材料、视觉构成出发一样，以花为基础的庭院里花的颜色、视觉特质、排列上的文化取向等，都和对待绘画的态度十分相似。

不论东方还是西方，庭院艺术中最重要的目标是通过植物表达抽象的自然美。但是从表现方式和使用植物素材的选择，以及空间着色的审美方案等与园林相关的各种观点来看，东西方一直以来走的是不同的道路。简单来说，这个差异就像东西方绘画的差异。

英国花园中最基本的自然美是从强调一朵花的独特美的场景中出发的。感受玫瑰花丛所散发的美也是从观赏一枝玫瑰花开始的。下一步就是把几朵花聚合在一起，感受复合的自然美。边界栽植是其代表性形式。甚至法国园林进行边界栽植时都会邀请英国园艺师，由此可见英国的边界栽植园艺技术在全世界范围内都非常有名。如此的花艺组合就好似按照某种指南和说明书一样，在许多园林里呈现出非常典型化的模式。英国花园的边界栽植非常具有抒情性。沿着长长的草地，在边界处种植各种颜色和质感的花草，在整体的形态上呈现出美妙的变化。在动态观赏过程中也想要呈现出诗意风景的话，应该要表现风景中的律动性。就好像具有韵律感的诗歌能引发诗兴一样，当庭院的多重空间形式呈现出规律性变化的时候，观赏者就能够体验到律动性。形态反复出现之后，也会产生微小的变化，随着花的颜色反复出现，也慢慢地被强调。花叶的纹路由细滑变得粗糙后，就能够从整体上感受到节奏。这就是另一种的空间体验。

以花为中心的英国花园是以节奏感而闻名的，但东亚园林中并不强调这样的律动性。试图从山水中获得心灵平静的道教、佛教的精神都是从内心的安定出发。也许是因此缘故，与西方园林反映现实世界动态变化生活不同，中、日、韩三国的园林引山入水，追求人类理想生活的意志表达更为强烈。

最后一个阶段是在花和树木之间设定边界，在庭院里感受空间感的过程，即感知空间脉络的阶段。如此一来，观赏者可以往返于部分和整体之间体验庭院的自然美。栽植设计技术就是在这一部分里发挥创造性的造园技术。

东亚园林里很难找寻到欧洲庭院中那样丰富的植物自

△英国大迪克斯特花园，2006（上）；英国西辛赫斯特城堡花园，2004（下）
——作者供图

△通过边走边观察，体验律动性。

——英国格洛斯特郡希德科特庄园花园（上）；英国汉普郡莫蒂斯方古典蔷
薇园的边界栽植事例（下）/作者供图

然美。从根本上来说，它来源于社会文化传统。欧洲庭院展现的自然美在传统上先将关注点放在各种植物的素材上，其基本原则是自由地尝试植物的排列与展示。但是在佛、道的浓郁宗教性氛围下开展文化活动的东亚三国，在造型世界里也没能够摆脱其影响。作为隐士的安逸生活空间的中、日、韩三国园林在追求自然美之时，注定与西方走的是一条截然不同的道路。

在中国园林里，通过花窗一年四季都可以观赏到花。刻在窗户或者墙壁上的花，不管风吹日晒始终不败。但是花的颜色随季节而变化。在园林里，有三种花。眼前实际栽种的花草树木，香气四溢。它们就呈现在观赏者的眼前，近在身边，触手可及。建筑物的花窗是花瓣的模样，通过花窗可以看到画在白色围墙上的花。而实际上花窗是为了在堵上的围墙上通风而做的，雕刻成花瓣模样，也增加了一个赏花的视觉层次。透过此，看得到朦胧的绿色，红色的花瓣有时也若隐若现。

伴随季节的变化，观赏者可以欣赏到三种花。随着视线由近及远，自然的抽象意义得到强调。漏窗之花的缘故，院子里的月季花更加鲜明地靠近，同时还能感受到渐变为漏窗之绿的无常的自然模样。中国园林通过此种类型的人工形态与构架来抽象化自然。于是，中国园林里常常可以

△中国江苏省苏州沧浪亭
——作者供图，2001

观赏到随时节而开的鲜花。花的姿态始终不变，变的只有季节与岁月。

与中国相比，韩国人在园亭里对待花草树木的态度更为"袖手旁观"，这里的"袖手旁观"指的是保留原汁原味自然的意思。在园亭里，自然存在程度上的差异，但它从来都是符合人的审美眼光的形态。在韩国，对待花之自然美的态度相对消极。把花进行缭乱的排列，不会像绘画那样，对于颜色素材的形态等进行细致地思索与考察。这一是因为花的种类不多，二是一直以来传统的自然观认为栽植并不重要。

韩国儒生以琪花瑶草为由，认为应与绚烂的花草保持距离。朝鲜文士没有把花草树木看作是美的感官对象，而是赋予其人格，将其视为人应该遵守的儒家道德准则之象征。他们甚至要在花草树木中寻找理学的规范。因此，花草树木带给我们的美学价值并不是我们获得的感官快感，而是象征意味。

朝鲜中期后，伴随生活水平的全面提高，人们的关注对象逐渐转移至盆景。盆景不受季节限制，同时花草也易于管理，于是盆景开始在家园（家庭园林）里逐渐普遍化。这也正是为了观赏美丽花朵而产生的一种积极取向的表现。即便在今天，韩国的家园也仍离不开盆景。

韩国园亭里花草树木的自然美通过视觉的架构进行意义传达。在厢房连廊里看到的四周风景进入由栏杆与柱子形成的架构里。传统园亭里，审美体验与其说是从花草提供的视觉愉悦中去找寻，不如说是从静观审美对象的过程里去确认。在这点上道教立场更为明确。因此，无论是缭乱的花草排列，还是精巧的栽培管理都不再受关注，只有在随季节变化而变的自然的面貌里悠然自得，玩赏怡情罢了。

在韩国家园里主要在前庭和后院周围种植花木，建造一个"园"。不管是菜园还是后园，都进行了围挡，如后院有大片的乔木林，自然就形成一个意境幽深的空间。

进入现代以来，这样的家园形式发生了很大的变化。从功能上，很少使用的前庭用花草树木进行装点，传统的空置院落消失不见。日本殖民统治时期，地方上的民宅也出现了受日本影响的痕迹。院子里种满了檀香树或松树，并利用石像、石灯进行装饰。进入大门之后，看不到厢房

①　　　　　　　　　②

③　　　　　　　　　④

△ 通过丰富和填充空旷院落的多种方式，我们能够解读出现代韩国传统家园的代表性变化趋势。

①长城 李振桓　②海南 绿雨堂和追远堂

③永同 金善照　④安东 鹤峯宗宅　⑤光州 金凤镐

⑥咸阳 介坪 里长家宅

——作者供图

⑤

⑥

或堂屋，经过树林以后，才可以看到房屋。为了加强窄小院落的纵深感，营造一种幽深玄妙的氛围。与此同时，厢房也不与大门相对，在视觉上保护了私生活。这是因为大门与厢房间的距离较窄，正好形成了视觉上的缓冲地带。

给前庭引入玄妙氛围的取向在义城素宇堂、昌宁我石苑、牙山外岩里灵岩宅、松禾宅等已经较为知名的家园里有所呈现；在潭阳潇洒园、宝城悦话亭、茶山草堂、康津白云洞别墅里，这一特征也十分突出。从填充空旷院落的多种方式里，我们可以解读出现代韩国传统家园的代表性变化趋势。

中国园林是在不断变化观赏风景视角的过程中寻找自然美，日本庭园里观赏自然美的视角与框架是固定的，即取景于框的意味较为强烈。不像英国花园一样，欣赏随季节变化的花之自然美，而是固定观赏视角，景物或花的配置和展示也不改变，总是原封不动地保留。当然，也常根据季节变化感伤枫叶和花瓣飘落的情怀，但大体上是从房屋内的某一面观赏园林的自然美，这种美是一成不变的，就和挂起一幅画的方式一样。日本的庭园关注的不是季节变化，而是注重赋予观者始终如一的感受，旨在追求心灵的平静以及静观的喜悦。

2. 山水美的抽象化

　　通过艺术，我们可以看到人类内心精神世界另一个不为人知的一面。将自然抽象化的过程在艺术的各个领域都很常见。为什么艺术要走抽象化的道路？与花和蝴蝶、江水和大雁、石头和水雾等一样，掌握我们周围的感性氛围或者代表风景的自然属性的过程就是"自然的抽象化"。通过仔细观察找出具有某种独特形式（模式、形式、规则）的过程在科学中被称为"一般化"，在艺术中则被称为"抽象化"。艺术也试图通过抽象化解读事物的各种面孔。我们认识的事物的属性总是不完全的，只知道它的一部分，其余属性可以通过抽象化来理解。

　　艺术家们想原封不动地感受到大自然的个别差异，并试图在和大自然的一次性相遇中受到情绪上的冲击。对艺术家来说，与自然的一次性审美体验是非常重要的。所以，艺术家在那样的一次性的瞬间中反过来追求永恒和普遍。艺术从不同于科学的角度看待自然。艺术家创造新的审美体验，重新刻画新的面貌，不是通过自然本身，而是由判断自然的人来认识自然的美丽。一切艺术的目的和意图都是为了完善事物本质上的不完整性。艺术通过把只能在想象中存在的东西进行表象和具体化，给我们带来精神上的满足感。①

在艺术中抽象化的道路是必然的。自然的抽象化在艺术中体现为所谓的"框架"（framing）方法。刑侦剧中经常出现警察通过监控画面寻找罪犯的场面。刚开始画面转眼间就过去了，但突然间又返回去看到某个特定的场面，然后放大该场面里面的画面，在此前错过的部分里找到了解决事件的决定性线索。这时放大的部分就是艺术家看待事物关系的角度。艺术家敏锐地观察到普通人错过的微小事物。通过重新观察事物的特定部分来描绘世界和事物的整体性质的手法，叫作"框架"。

总而言之，框架是指从没有制约且开放的周边环境的"脉络"（context）中剪去特定部分（text）的行为。即我们周围的一切事物固然都是艺术行为的对象，但是从艺

---

① 申罗京，《乔舒亚·雷诺兹的〈美术谈话〉中的"自然"和"想象力"》，《美学》22，韩国美学.

术家的角度看，是为了强调其中特别有意义的部分而进行提取的过程。这里所说的环境，是指历史、事件、人物、地方、地理、山河、复仇、慈悲、怨恨等在艺术上关心的所有事物和想法。框架不是从整体看世界，而是通过部分来鸟瞰整体。当然，通过这部分的组合而认识的整体和最初的整体不同。艺术想象力就产生于这样的框架中。

根据框架中包含的内容和框架封闭程度的不同，框架的种类形式多种多样。照片就是主要使用框架技法的一种代表性体裁，因为这是在四角形框架中描写事物的视觉艺术。照片艺术之所以存在，是因为通过框架可以从反面看到世界的另一面。照片在规定的框架中重现了对象隐藏的意义。因此，在整个脉络中选择哪一部分是重现的核心要素。如果想表现出瞬间变化的自然美，作家就要耐心地

△框架的作用
——作者供图

等到框架中出现自己喜欢的场面。通过这种方式完成的令人惊异的自然照片被人们称为"刹那间的幻想艺术"。但摄影家却认为这只是日常场景中不起眼的一部分，这是因为观察事物的角度存在差异。照片中的四角形框架作用很强大，框架的外部世界是绝对看不到的，因此，观赏者只能在四角的框架内观察到对象，且只能按照作者的意图来观察。再加上照片中的形象一般不包含普通的形象，无论是仔细观察对象还是通过拍摄手法，或强调形象，或使之变得模糊。尽可能地忽略画面上类似的颜色和形状，因此，重现的照片形象比现实更具有号召力。

在电影中，每一种形象都由多个场面架构组合而成，每个场面都通过制定框架形成预想的形象。大胆地消除不必要的东西，并利用营造气氛的声音和解释描述尽情地表现出作者的意图。因此，诗中景和画中景生动地交织在一起，带给人们比现实更深的感动。另外，由于电影可以剪辑声音，所以在通过五感体验事物的过程中，可以发挥强大的号召力。所以无声电影在内容传达上存在一定的局限性这一点就很容易理解了。可以说电影是将想象的世界引向我们的一个强有力的媒体。

在文学中，与视觉框架不同的是，文学以读者在想象世界中设定的故事边界来构成框架。特别是诗是以诗的想象为基础，所以与其说是框架，不如说是诗的心象层次更为正确。由于在诗和小说中出现的人物和事件可以随意穿梭于时间和空间，因此，想象的框架在其中还会重叠其他框架，就像画中屏风里又有别的画一样。

在园林里，人们不仅欣赏被框架包围的自然，而且还利用空间进行立体体验。在园林里可以不顾造园者的意图兴致勃勃地观察具体的对象，也可以通过自己内心深处存在的"概念性框架"来观赏自然。在空间体验中，这样的过程不停地交叉。在园林中自然的形象不是由一个场景或框架所完成的。视觉框架以怎样的顺序展开，也对构建整体形象具有非常重要的意义。这很像电影场景的构成方式。在园林中，观察者的实际移动区别于外部世界的自然，前后远近地进入具体形状和框架中的抽象画中，自然的概念就慢慢被抽象化了。也就是说，看待自然的视角会被重新着色。

"治愈花园"（healing garden）中所展示的框架只有一个，但荷塘的框架有两个。垂落的樱花以莲池的边框构成框架，莲池中的花瓣被锁在影子的框架中。小的石假山在两个框架中同时出现，这是连接现实风景和抽象心象之间的纽带。就像看画中画一样，视觉框架重叠或框架中还包含另一个框架，那么观众的内心就会产生视觉"幻影"的

△池塘由两种不同的框架叠加而成，使想象力倍增。诗中景和画中景在此交汇。

——仙岩寺，2014 / 作者供图

效果。在园林中经常碰到框架内的框架，因此，就像电影一样，随时都在幻影和实际的框架中徘徊。在此过程中，人们对空间有深远的体会，心中的画中景和诗中景也会随之发生变化。

在园林中制作框架来强调自然的特定部分，使其看到不同的面貌，也就是说，自然被框架抽象化了。普通的场面有时候转变成诗意的氛围，有时候又转变成画。如果这种效果在园林中交替出现，那么个人对空间的感觉和印象将有所不同。由于不同的着色，看待事物的想法，即对自然界和人类的想法变得更加丰富。要从不同的角度看事物，艺术的目的就是这样不同地看事物的面貌。通常框架的轮廓很清晰，框架内的内容与外部完全区分开来；但有时框架比较松散，框架内的形象与框架外部的画相融合，又会提供另一种形象。这时，看的人既可以进入框架，又可以在框架之外认识整体的脉络，其框架界限变得模糊不清。

如果园林在物理上形成相当大的规模，就会经常出现这种界限不明确的框架。这种情况下，通过在园林中添加景物或用文字赋予空间意义，从而强调框架内容的手法。在园林中建立框架的目的是为园林提供更多的叙事空间。在观赏者的心里，每个人都在创作自己的故事。构造框架的作用就是提供这个机会，框架越多，故事越多，理解空间的范围也就更宽广。这被称为视觉层次的积累，在中国叫作层次。这与电影中通过将场面进一步细分，使形象充满活力的手法相似。

在园林中之所以关注框架，是因为通过框架可以了解到如何认识自然美。园林就是要锁住自然。东西方都一样用围墙来划分建筑，但是，框架中形成的自然，在每个国家、每个园林都各自呈现不同的形态。在东亚园林中展开的框架不仅形态多种多样，而且在内容上，即花和树木等自然要素的表现方式上也大相径庭。

在中国园林中，使用抑境或漏窗作为空间虚实互补的一种方法，是为了带给人们处于园林深处的感觉，故意设置障碍物来隐藏内部。抑境又被叫作障境，人们无法一览无余，只有走了一会儿之后，才恍然大悟看到眼前突如其来的景色。要想好好地展现园林的生动之处或者美丽之处的话，要先将其隐藏起来，然后再展现出来，这就是先抑后扬的思考方式。观赏者将最大限度地发挥想象力，通过这个过程，感受到更加含蓄和深奥的境界。①

---

① 白允洙，画论对园林论的影响：以计成的《园冶》为中心，《美学》41，韩国美学学会，2005，12—27.

与之相比，漏窗是在围墙或墙壁上打上四角形或其他形状的窗户，又称"花窗"。观赏者在观赏完全堵塞的围墙或者墙壁时，可以意想不到地通过漏窗欣赏到墙对面的部分景色。漏窗要么没有任何装饰，要么就用各种形状的窗棂进行装饰。花瓣最常见，树叶、玄鹤琴、花瓶也经常出现。漏窗不仅本身就很美丽，而且看起来好像景色被遮挡住一般，因此观赏者不仅可以用眼睛观看，还可以体验到调动满足自身好奇心的所有知识和想象力的快乐，在无限的世界中飞翔。

　　漏窗从简单的花瓣或树叶的形态开始，复杂地展开了多种多样的形态。即通过在花瓣中放入其他树叶或一层层地重复而成的框架，通过多视角的层次实现对花和自然的接近。空窗内部不设置窗棂等，而是采取自然通风的形式。

　　洞门也是中国园林建筑中的一个独特要素，主要用于园林的围墙等。与空窗一样，洞门具有多种形态，四角形、六角形、八角形、梅花形、扇形、花瓶形等。在园林中联系不同空间的同时，还起到视觉框架的作用。① 仅从窗框和其中蕴含的花木内容看，就能明确区分出东亚三国对自然美的文化态度。

① 白允洙，画论对园林论的影响：以计成的《园冶》为中心，《美学》41，韩国美学学会，2005，34.

△ 各种形状的洞门和漏窗

——中国苏州沧浪亭 / 作者供图

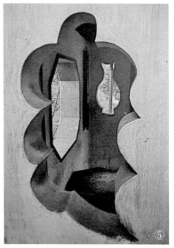

①苏州拙政园；②上海盆景博物馆；③苏州沧浪亭；④苏州怡园；⑤杭州郭庄
—— 作者供图

中国人的故事总是有起伏的。事情的原委和事件不断重复，一般情况下，反而要回避那些坦率和直截了当的内容。漏窗也不例外，比起单纯的形式，加入各种装饰的绚烂的框架更为常见。通过花和树构成的抽象化的自然与漏窗的形态有着密切的关系。根据漏窗的形状，其中所包含的花木的形态也会有所不同。如果漏窗的形状像花瓣一样，细节形态很丰富的话，其框架中实际的花木与丰富的形态相比，更强调颜色和质感。也就是说，多姿多彩的花朵不会在框架中被原封不动地欣赏。漏窗的形式丰富具体的话，其中包含的花就会采取抽象的形态。

相反，单纯将放在漏窗里的花树制作成框架，要能够突出非常具体的材料特征，比如吸引人们目光的美丽花瓣或者优雅的树枝。事实上，占地面积并不大的中国园林之所以会让人觉得里面有很多故事和风景，就是因为这种框架的效果。与韩国和日本不同，这种框架主要位于建筑物和建筑物之间、墙壁和影壁之间，在分隔空间和联系气氛时经常会设置这些框架。另外，如果在月门里看到远处的另一种框架，看到另一边的花木，所感受到的空间感就会比实际更远、更深。再加上如果在大门上贴上名字，框架就会变成诗中景和画中景。在园林中，水和花、树和影子、蟾蜍和盘龙装饰，以及重新被关在框架内的枫叶等，随着季节变化各种自然的场面被连接在一起。这样一来，就可以在小小的园林中接触到辽阔山水的各种面貌。

在韩国园亭里，不论其对象是什么，框架都只有绿色的自然。门框本身没有特别的装饰，可以欣赏到"原封不动的"自然，变化的只是一年四季的颜色和天气。这种构造没有令人眼花缭乱的装饰，风格朴实。

在韩国园亭中，框架的形态比中国的简单，而且呈四角形。大部分都是从家庭的楼顶看到的框架，这与在亭子里观赏周围的山水时所形成的框架本质上没有区别。韩国园亭可以在池塘中看到一个强大的框架。韩国池塘一般都是呈四方的形状，形式独特，具有独立性。池塘里的风景根据一年四季的不同其内容也不同。夏天的荷花就是一幅画；秋天，枫叶的颜色就原封不动地映在水面上；春天，飘落的樱花在水面上随波荡漾形成了如画般的风景；冬天，光秃秃的树影在冰雪中显现。

倒映在池塘里的影子宛如山水画，通过池塘的框架，可以同时看到自然的实际风景和倒影形成的摇曳风景。其效果就是可以同时欣赏诗中景和画中景。由于韩国的池塘是一个强大的四方形框架，其中所有的自然都具有抽象的意义。池塘主要在建筑物的南面，从

△江原道江陵市船桥庄活来亭
——作者供图，2009

楼顶眺望时，框架的内容就更深一层。在韩国园亭里，制作风景框架的内容是自然之美，而不是以建筑为中心。

从楼顶上眺望风景的框架是由柱子和栏杆组成的，这里值得关注的是栏杆的视觉效果。格局松散，装饰朴素，与风景的对象适当地协调，维持框架和内容的均衡。均衡美不仅体现在韩国传统建筑中，在园亭中也体现得淋漓尽致。朴实的均衡感是韩国人基本的审美意识。

大海是对日本人影响最大的自然。在日常生活中，日本人对自然的认识大多与海洋有关，在画中也经常能看到描绘汹涌的大海的场面。凶险的大海和喷涌的活火山是常有的，台风和地震也经常袭来。在这种不安的环境下，找到安稳又平静的场所，寻求心灵的安定是理所当然的事情。佛教传入以后，日本在寺庙中形成了以冥想和坐禅为主的仙园，庭园是为坐定而完全隔绝，只能听见鸟鸣的静寂空间。在这里，大自然是引领人进入神灵世界的通道。在日本庭园里，自然是以与人保持一定距离的态度来处理的。

日本庭园的框架是在室内眺望的时候，按照门框样子剪得像一幅画一样的方式。根据房门的框架，庭园里的石雕、青苔及令人陶醉的色彩艳丽的枫叶等构成了一幅画作。介绍日本庭园之美的挂历、旅游手册，其他各种宣传资料

△从柱子的粗细和栏杆的间距中，可以感受到均衡的美。

—— 庆尚北道金泉市芳草亭（上）；全罗南道潭阳郡栖霞堂芙蓉亭（下）/
作者供图，2013

△日本京都诗仙堂
——作者供图，1996

中经常会出现这样的场面。园丁总是试图保持庭园的原样，只要有落叶就开始不停地清理，还把这样的行动作为庭园活动来做广告宣传。

3. 园林风景演绎

静观与动观: 欣赏风景的姿态

坐在亭子里望着流动的云彩, 听着溪流清脆的水声, 看着鸟儿的同时, 从飘落的花瓣中感受快乐。这里, 一切都是动态的。对于乘坐游船悠然自得游玩的人来说, 山坡、岩石、郁郁葱葱的树木等都是静止的景物。在庭院里体验自然美的方式大致有两种, 在室内一边喝茶, 一边静静地欣赏窗外的风景, 即在静止的状态下读取自然美, 这就是静观。与此形成鲜明对比的是沿着园路移动欣赏风景的动观。庭院的自然美主要通过静观和动观来体验①。

在小房间里, 静止不动地坐着欣赏画的时候, 就处于

---

① 陈从周,《中国园林论》, 同济大学出版社, 上海, 1984.

静观状态。在日本庭园里，特别是借景园，大多数都可以在房间里欣赏庭园的自然景色，就像在小房间里欣赏挂在墙上的画一样。但是在大园林中品味自然时，就像在美术馆欣赏名画一样，一边慢慢地走着，一边到处感受自然之美。中国园林以池塘为中心，沿着亭子和走廊可以欣赏各种风景，即在动观的氛围中体验园林。在韩国的古典园亭堂轩斋室的楼顶上欣赏周围自然，这也是在静观的情况下欣赏自然美。但在别墅中，大多数情况下都是步行移动，特别是风景优美的亭子附近，如果日常生活范围扩大到此处，这时主要就通过动观来体验自然。静观与动观在本质上是相对的概念，但是，正如没有缺少静止含义的运动一样，在运动中没有静止概念的动态风景体验是不可能的。池塘里悠闲自得的鱼就是其中的代表性例子。在名园中无一例外，动观和静观相互交叉，表现出丰富的自然美。静观中可以欣赏到大部分园林的自然美，在静止中随着季节的变化，人的心情也跟着变化。

　　静观和动观这种视觉体验，无论东西方，都是共同出现的园林的空间体验形式。随着静观和动观的不断交错，园林之美在人们的脑海中得以立体地再现。审美体验本质上是每个人通过不同的途径获得的经验，在园林中体验的审美意识，不仅内容丰富，风格也多样。也就是说，根据静观和动观对画中景和诗中景的作用，其内容会有所不同。在静观中，只有绘画内容包含的内在价值丰富，才能持续地引起观者的关注。与此相反，在动观中就像打开画卷一样，在持续展现特别的关心对象和艺术价值时，观赏者就不会感到单调或无聊。最终，在诗中景和画中景这两种风景中，产生审美体验的内容。

幻的创造

　　来到中国苏州的话，能看到以江南园林文化为代表的苏州园林博物馆。进入博物馆，迎面而来的院子里的假山壁画格外引人注目，仿佛在看山水画一样，展现雄伟山势的群石以白墙为背景排列着。通过这个场面，观赏者可以感受到江南悠长的自然山水。不管怎么说，园林都是体现山水根源的非常具有象征性的小空间，虽然小，但其中却蕴含着中国南方的大好河山。由于金鲤鱼泛起的涟漪打破了水中倒映的山影和平静池塘的沉寂，让观赏者在看到这一情景的瞬间，就会产生这里就是另一个仙界的错觉。顾名思义，这就是一幅完整的山水画。

　　建造片石假山的素材很简单，有板石、河砾、影池、红鲤鱼和睡莲。板石的形状和颜色各不相同，与地方上雄伟的大山很相似。另外，小石子的颜色与颗粒均匀，给人的感觉就像是茫茫林海里的云彩。山的影子因鲤鱼泛起的涟漪不停地晃动，莲花也随着波纹一起晃动，摇曳的山影将群山的空间进一步加深。遥望片石假山，起初仿佛是山水壁画，但是越靠近它，就越能感受到那种看到庄严的江南山水的感动。再靠近一点，石堆就不再是单纯的石头了，而被认为是山水画中的广阔山河。石水素材变成了画中的山水。

从山水画中眺望远山的时候，感受到的雄伟的山势，可以在假山入口读出远处群山的轮廓，即远景。在山水画中经常出现的中景是穿过云层向下延伸的低坡和桃花村等，中景在山水画中起着连接上、下景色的作用。在片石假山里，观赏者靠近墙面，就会看到山峦重叠，而且各山的形状都通过中景映入眼帘，视线停留在石头的颜色和花纹的纹理上，会感受到一种新奇。这时，石堆不再是单纯的石头，而是变成了美丽的群山形象。在照片中可以看到，石林在该场面中已经变成了在画中才可以看到的山水的形象。让人忍不住感叹，那么广阔的江南山水，怎么会呈现出如此美丽又神奇的景象呢？到了这个关头，观赏者的心中会产生一种抒情的情怀，而另一方面，这样的形象也会发展为诗中景。

△随着视线从远处山的轮廓逐渐转移到近处的山势，石堆的形象就变成了山水画。

——中国苏州园林博物馆片石假山，2009／作者供图大家可能已经在刚才读过的文章中看出，笔者正在按顺序展开照片中片石假山的风景形象。而且，在阅读文章和看照片的过程中，产生了诗中景和画中景的形象层位。实际上，在园林中直接观察对象时，因为想法和意义的展开，诗中景与画中景的形象层次会变得更加复杂。问题是，当石堆变成山水形象时，其形象的实质是什么。另外，如何更详细地解释这种层次产生的过程，这一切对于造园者来说都是不得不费心研究的对象。

在欧洲各大美术馆经常可以看到用大理石制成的大卫雕像，它是很多人都喜欢并欣赏的著名的古典美术作品。有的人仔细观察大卫雕像的大理石纹和质感，而有的人则呆呆地看着大卫的脸——不知道他们心里在想什么，会有什么感觉和印象。但从该雕像中，人们可以读到并想象到非大理石石块的其他性质，即人类大卫的性格和思想、苦恼和纯真等内心世界的各种面貌。这样，当大理石石块中出现大理石所没有的其他性质（这里指大卫的人类的性格）时，我们就把这种现象叫作艺术创造或再现。这种性质是在将一个物理对象通过象征、表象、设计、表达、意义、风格等解读为"某种意义"的过程中产生的，且在特定社会中具有"文化"共享的特征。此前人们认为石林的排列是山水画，换句话说，石林与石头的本来性质不同，具有象征"山水"的意义。这种山水的概念通过东方山水画在东亚的文化圈中得到了广泛的共享。

无论年龄大小，人们大都喜欢看科幻电影，本质上是因为科幻电影具有幻想的氛围。现实生活中不可能的事情在科幻电影中随时可能发生，所以人们通过电影得到满足。在音乐中，幻想曲不拘泥于形式，自由地根据情感来演奏，因此给人带来新鲜的感动。东方山水画具有"画中画"的视觉效果，画中的士大夫坐在房间里看着院子中盛开的花朵，他的背后还设有屏风，屏风中又有小园林并绘有花木，其中再有屏风，又包含相似的内容。这样一来，看的人短暂区分现实和画中的风景时就会出现混乱。因此，我们体验到了思想进入深思世界的"幻"的效果。在中国古代文献中，欺骗人的这种形象或类似的形象被称为"幻"。各种艺术中的幻虽然互不相同，但有三层内在联系，"幻"可以表现为"错觉"（illusion）、"幻觉"、"魔术般的变形"，这意味着"幻"的迫真性。看的人感觉事物或空间就像现实，但也清楚地知道它是一幅画。因此在这里作为基础的概念是"幻"和"真"、"事实"或"事实性"这样的二元论。这时有"幻"的绘画形象反映了事实，因此与事实相反。另外，"幻"会给这种区分带来混乱，同时消除它，因为画家利用某种媒介或技巧，不仅能欺骗观赏者的眼睛，甚至可以短暂地欺骗观赏者的心，所以他们会相信画出来的东西是真的。① 关于这种"幻"的形象的故事还有很多。

　　中国古代三国时期吴国的统治者孙权命令画家曹不兴装饰自己宫殿里的屏风，画家偶然失误下把墨汁溅到屏风的白色绸缎上，于是赶紧把它画成了苍蝇的样子。而这时来看曹不兴作品的孙权竟想从屏风上抖掉这个东西。这段逸事就强调了画家的技巧和才华，并说明了什么是幻觉主义。换句话说，它是表面和形象的分离与相互作用。孙权看到的不是单纯的苍蝇，而是"叮在白绸缎上的苍蝇"，对曹不兴来说，屏风并不神秘，他只是在空白背景上画了一只苍蝇。与之相反，孙权不仅因苍蝇引起了混淆，还被"未作画"的屏风所骗。屏风不仅能"遮挡""分割"，还能用四方形的框架将里面或者外面的符号编织起来。虽然画家和观赏者对屏风有着完全不同的理解，但两个人都有表面的概念，并把屏风作为绘画媒介来接触。②

　　通过"屏风中的屏风"，画家利用一切可能的手段，使屏风前的场面和屏风内的场面看起来像现实一样。但同时，他把这两个场面坚硬的屏风框架分隔，也让观赏者想

---

① 巫鸿，徐省译《画中之画》，离山出版社，1999，111.

② 巫鸿，徐省译《画中之画》，离山出版社，1999，13—16.

△ "画中画"效果是园林中常用的演绎手法，既把画放入画本身，又通过框架来演绎其效果。
——中国无锡寄畅园／作者供图

起了框架内的家里的场面只不过是一幅画的事实。观赏者一旦克服第一次看到时的混乱，就会忘记那只是画作的幻想。他在不知不觉中接受了画家将屏风中所描写的人物和物体刻画成现实世界一部分的技法，从而形成完美的"幻"[①]。

在园林中一边移动、一边欣赏绘画般的风景的时候，在某一瞬间，观赏者会丧失现实感。漫步在中国园林的回廊中，在某一瞬间，经常觉得框架中的自然就像迷雾中的幻想世界，这就是视觉幻想造成的错觉、幻的现象。如果远近感产生混乱，视觉层次层层重叠，很容易在一瞬间忘记自然，陷入想象的世界。这种视觉上的幻想在具体观看植物的时候特别容易出现。例如，在花园里种植很多野兰或者大蒜、油菜等植物的话，观看这些植物的人就无法在一瞬间判断出空间的深度，即花不被看作是实物，而被认为是存在于瞬间空虚的想象空间。造园家常利用这种效果，出入明亮或者黑暗的森林，体验通过框架进行文本的分离，过了门洞后(从大门通往屋内的有屋顶的通道)，下一刻就像打开了世外桃源一样，非日常的层次叠加，经常发生幻的现象。

[①] 巫鸿，徐省译《画中之画》，离山出版社，1999，90.

时间里的景物

　　在中国苏州网师园的某个夜晚，玄鹤琴的声音犹在耳畔。一名打扮华丽的乐师正在安静地演奏乐器。当时是秋夜，月光在水上轻轻地抖动，怪石的影子就更加剧烈地晃动，白天那么美丽的枫叶，也只是浮在水面上。水边的每个亭子都隐隐闪烁着灯光，京剧演员也面无表情地看着对方。在水边随处可以听到琴声中讲故事人的滑稽。那时我知道了，白天面无表情的石堆、孤独的盆景到了晚上就会复活成移动的影子，像我们的生活一样，悠然自得地流淌在音律之中……

　　园林中景物有很多种，在韩国园亭中经常可以看到石塔或水碓，在中国的园林中一定有怪石排列着。怪石顾名思义就是样子奇怪的石头，这是大自然中难以找到的人造的怪异模样。在艺术作品中，我们偶尔会接触到丑陋的形态和形式。例如，书画中拙劣的字体、诗文中的拗体、在道释画上经常出现的怪异的神人或罗汉、话剧中的罗锅舞等。但是庄子主张，像身有残疾的人，受到很多人的爱戴和敬仰，是基于他们内在美的[①]。真正的美不是在于形体的

---

① 　白允洙，画论对园林论的影响：以计成的《园冶》为中心，《美学》41，韩国美学学会，2005，12—27.

外貌，而是在于内在的人格、精神和理想。

　　另外，在日本庭园中无一例外地都出现了石灯和竹制饮水台。这种景物通过照明或者发出水声使庭园夜晚的氛围更加深邃。在日本庭园里，石灯是在狭窄的院子里连接远景和近景的中景要素，另外，晚上的时候还起到引导访问者靠近的引导灯的作用。景物决定空间的性格或者氛围。如果花木能够使人认识诗中景和画中景，那么景物就具有

△中国拙政园
——作者供图，2011

△忠清南道牙山市外岩里灵岩宅（上）；日本东京园林博物馆（下）
——作者供图

更强调这种氛围或形象的功能。

特别是在夜晚的氛围中，照明的作用非常重要，通过景物，白天和晚上的氛围也会变得完全不同。

但在园林中，景物最重要的是"感受岁月"的时间功能。通过景物，我们重新思考人生这一漫长岁月的流逝。通过景物来象征时间的意义，东亚三国也各自以不同的方式表现出来。在韩国园亭中，使用了水碓等动态要素，象征着不停地旋转或岁月的流逝。在日本庭园里，通过保持苔藓或石头等不变的景物的状况，表现出悠久的时间流逝。在中国园林中，通过盆景可以看到岁月的流逝对石头和树木作用的结果，表现出不同的时间意义。

从个人角度来看，随着年龄的变化，人生观也会改变，每次看到景物的意义也会有所不同。景物与容易凋零的花木不同，在相当长的一段时间内不会发生变化，而是会原封不动地堆积起来。景物是时间的年轮，因此，通过景物可以了解庭园建造的时期和建造者的价值观。东亚三国的庭院哲学中就蕴含着"久的就是好的"的想法。

中国杭州一家盆景博物馆的入口处有一棵紫薇树盆景，中国导游为该盆景的历史而自豪。他首先询问游客是否知道这棵盆景历史有多久，所有人听完之后都很迷惑，他回答已经有 500 年了，导游那自豪的表情历历在目。事实上，从技术上看，盆景可以维持那么长时间，不管怎样，都突出了中国盆景的历史悠久。

盆景是东亚三国共有的景物，东亚三国从渺小景物中去感受广阔山水的态度如出一辙。盆景在园林中表现空间的时间意义，以描绘山水的态度在空间里演绎。盆景当然也是将"远与幽玄"的氛围在园林中表现的一种手段。想要在小盆景中感受自然的山水原貌，是盆景演绎的目的。与韩国和日本不同，在中国园林中选择独立的场所建造盆景园的例子有很多。一进入盆景园，至今为止所看到的各种园林风景就会消失，只有广阔的山水才能进入视野，其中游览山水时看到的景胜再次作为记忆浮现出来。

盆景园是园林中的园林，其中没有季节变化，只有悠久岁月的流逝。通过近距离观看到的盆景，可以感受到遥远的山河。进入亭子，在脑海中可以想象到广阔的山水。观看盆景的视觉上的远近感，决定着空间体验的内容。在盆景中的空间深度与在东方山水画中表现远近感的方式相似。在东方山水画中，根据观看的视角不同，对象的细致程度也不同，即如果想表现远景，就要进行率性描写，详细部分几乎全都省略。深山寺中的僧侣只是能勉强地认出形体，但是在近景中可以识别人的脸部或腿部。其间，雾或云层等隐约可见，通过这种方式从视觉上体现出远和近。

盆景的真正目的是通过微小的景物使人感受到广阔的山水之美，因此，在盆景展示中最重要的是让观赏者原封不动地从"小"景物中体验到与实际山水一样"巨大"自然的空间感。盆景如果在单纯的墙面或强烈的视觉框架下展示的话，就很容易实现空间的"幽玄"。也就是说，从散漫的周围背景中分离出来的盆景只要成为独立的形象，就很容易将其形象转变为所谓的诗中景的幻觉。如果想通过盆景表达一个叙事或抒情的心象，需要一个条件，即盆景不受周围背景的影响，通过制定框架，将部分提取为具有不同意义的审美对象。

　　园林是艺术地表现人类对宇宙理想的一种审美手段。自古以来，中国的统治者就想把园林建设成地上的神仙世界。中唐以前的古典园林以皇室园林为主，建造规模宏大，统治者想将天上地下存在的所有事物无一遗漏地放进去，它从根本上就是想通过园林来体现无限的宇宙。但在封建制度下，老百姓无法建造如此大规模的园林。因此，在寻常人家的园林中，逐渐发展出将巨大的自然引到小规模内的手法，即在狭小的园林空间里创造巨大的艺术空间。在园林的景物中可以看到宇宙本体及其无穷的变化，通过微小的景物也可以达到完全进入宇宙本体的审美体验。

风景对位法

在旅游纪录片《西西里》(Sicilia！)中，不断地出现美丽的岛屿风光。在太阳灼热耀眼的海边，当背景音乐是电影《教父》的主题歌时，场景就会转移到葡萄园所在的修道院；当背景音乐变成坎佐那风时，视线经过橄榄田；进入村里的教堂里，突然又变成了普契尼的歌剧咏叹调。讲解员滔滔不绝地讲着每个场面事件和人物、美食和葡萄酒，看着如画的风景，意识超越场景融入音乐中。登上被风吹动的薰衣草山坡时，观赏者瞬间将绘画、音乐、事件和只属于自己的记忆混在一起，进入诗一般的风景中。就这样，一时之间，如画般的风景就茫然地流逝了，突然出现了吸引视线的场面，就是回到画中的现实。重新阅读故事，将事件和风景结合起来。在电影场景中，从村庄和海边传来的音乐将紧接着进行有旋律的朗诵。其中村民的样子和村里的庆典场面都消失在窗外的"茉莉花香"中。画面从音乐到故事，再到画中，一直延续下去。随着诗中景和画中景的不断变化，西西里的风光让观赏者思考出完全不同的旅行的真正意义，并成为另一种"生活风景"，这就是将模糊的过去的印象用新的记忆重新着色。

但在影片中感受到的立体感与实际体验风景有本质上

的不同。首先，真实的风景并不像电影那样以精巧的框架进入人们的视野，每个场面也没有强调感觉的背景音乐，偶尔出现像电影场面一样简约的风景时，观赏者会暂时停下，静静地望着风景或拍照片。在静观的状态下，沉浸在如画般的风景中，这时就是感觉到抒情性的瞬间，然后又继续行动，继续在动观的状态下路过风景。园林本来就是个狭小的空间，全部参观完不需要太长时间。在较短的时间内，各种场景不得不在脑海中重合。因此，如果想在园林中感受到在电影中看到的多样的感觉，就要伴随刺激五感的整体空间表演。当诗中景和画中景以适当的间隔相互干涉，在空间里演绎时，融为一体的园林印象就留在了记忆中。这样，风景相互交错，又形成新的风景线。从这种交错的过程来看，就像看到了西方音乐技巧中的一种对位法。

从著名的舒伯特的歌曲《致音乐》的乐谱来看，在最初两节钢琴的序曲中，负责和声伴奏的右手部分进行对位法式演奏，右手和左手之间的关系也是对位法式演奏。第三节开始登场的歌曲部分也是用钢琴伴奏和对位法进行，钢琴伴奏和歌曲部分也互相演奏旋律，右手和左手演奏也互相交互旋律，歌曲正是在完全的对位法结构中展开的。听到音乐时通常会想象和联想记忆中的某个对象，这种想象被新的形象着色，成为只属于自己的记忆。在记忆扩大的过程中，听的人会从理想上体验新的感动，并重新发现其美丽。这里所说的"理想"的意义是指听者能够超越通过听觉感受到的美丽的感性范围，理性地体验新的感动和抒情，通过音乐拓宽认识和想象事物的感情以及理解的逻辑外延。唱歌的歌手、演奏的钢琴家、喜欢演出的听众、亲自听自己作品的作曲家，各自积累不同的想象和感触，以及自己独有的全新"音乐体验"。这一切都是通过音乐带来的知识享受，这种对位法是体验音乐知识乐趣过程中非常有用的手段。

　　作曲家巴赫是使用对位法的大师。在巴赫的教会音乐中达到顶峰的"赋格曲"（fuga）是用对位法完美表现音乐世界的代表性音乐形式。根据声部，如果主题旋律先出现的话，剩下的声部会一边伴奏，一边静静地等待下次。然后反复从其他声部继承主题，继续有规律地反复的同时，旋律逐渐变化。听者在听着规律性中慢慢变化的旋律时，体验着属于自己的新的音乐感受。一般来说，声部之间的模仿会给人类的听觉带来理想的喜悦，当拥有更深更广的音乐感觉（feeling）时，感性与理性体验就会更加丰富。自然本来是很规律的，然后慢慢地变化了。不急不躁地反复进行，但一点点变化也不枯燥乏味，人们认为那种过程是很自然的。人们之所以一直喜欢巴赫的音乐，也许是因为巴赫的音乐非常"自然"。

在园林中，不同的想法和形象（诗中景和画中景）相互交汇，形成另一种统一的美丽形象的过程就是对位法的思考方式。对位法在园林中展现两个风景时也可以直接进行援用。造园者在园林中演绎风景的过程中巧妙地使用了对位法的表达方式。

与诗、画、照片不同，在园亭中可以欣赏到一切实际的事物。因此，想要设定间隔和省略部分，就要将诗中景和画中景交叉。这样，看的人就会综合性地认识空间并概念化。在园亭中，因为景物都展开来，所以很容易让观赏者认为看到了所有的景物。但实际上，人们会重点关注自己选择的对象，因此即使有其他风景展现在眼前，但如果不把焦点放在眼前就不会看到。因为不会考虑被注视的对象之外的东西，空间演绎就是利用这一点。设定跳跃和模糊的中间，这就是风景演绎的核心手法。

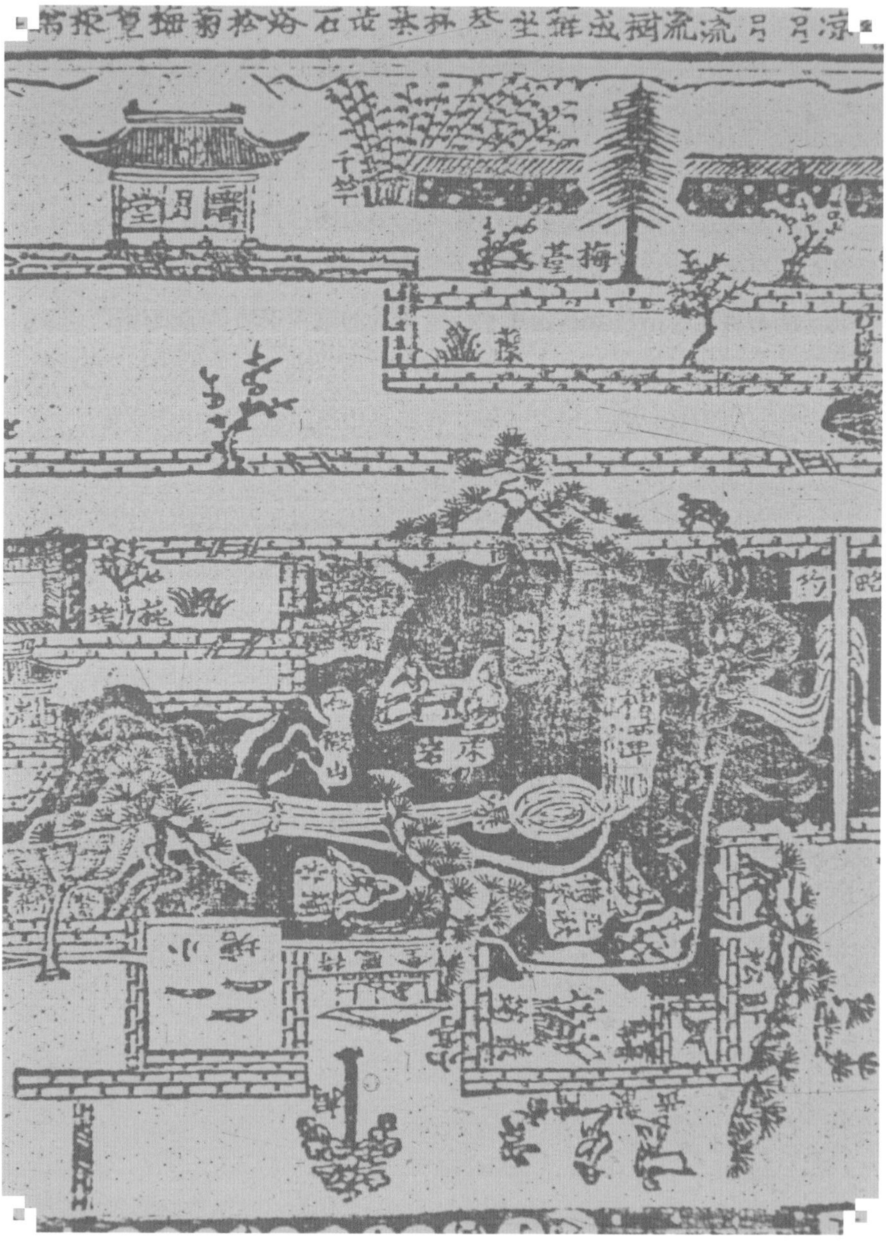

第三章　三国园林故事

1. 东亚园文化

　　东亚三国的园文化基本上都起源于汉字文化，这是不可否认的事实。以汉字为基础，诗歌、绘画和书法得到了发展，特别是汉字直接影响了各国的园文化。如果没有充分认识这点，实际上就很难理解三国园文化所具有的特质。对三国园文化产生巨大影响的共同因素可能是"归去来""梦游桃源""诗画书一律论""儒家""佛教"，以及"仙人"的精神信念。

归去来，有朝一日终归来

　　陶渊明是中国六朝时代的代表性文人，曾写下《归去来兮辞》。他早年步入仕途，但后来认识到自己不适合官场生活，在义熙二年时就主动辞去职位，隐居家乡。《归去来兮辞》是他在隐居故乡时所作，反映了他在亲自耕作和漫步田园的生活中感受到的自足感、超脱的精神世界以及顺应自然的人生观。陶渊明拒绝金钱、名誉等世俗的诱惑，归乡的强烈意志和坚守隐士的气节，以及豁达的人生观等，都使后代人深受感动。《归去来兮辞》和《归去来兮图》就是在这种背景下诞生的，这也对韩国和日本的隐逸文化产生了很大的影响。[①]

《归去来兮辞》开启了归乡的传统和士人的隐逸生活，通过《归去来兮图》将归乡后的日常生活场景描绘出来，象征性地表现了隐士的生活方式。归去来最终也被用于象征隐逸，成了士大夫对自然的认知和隐居的价值观的基础。作为东方人，一生至少要静下心来读一遍《归去来兮辞》。

　　归去来兮，田园将芜胡不归？既自以心为形役，奚惆怅而独悲？悟已往之不谏，知来者之可追。实迷途其未远，觉今是而昨非。舟遥遥以轻飏，风飘飘而吹衣。问征夫以前路，恨晨光之熹微。

　　乃瞻衡宇，载欣载奔。僮仆欢迎，稚子候门。三径就荒，松菊犹存。携幼入室，有酒盈樽。引壶觞以自酌，眄庭柯以怡颜。倚南窗以寄傲，审容膝

① 金昌焕，《陶渊明的思想和文学》，乙酉文化史，2009.

之易安。园日涉以成趣，门虽设而常关。策扶老以流憩，时矫首而遐观。云无心而出岫，鸟倦飞而知还。景翳翳以将入，抚孤松而盘桓。

归去来兮，请息交以绝游。世与我而相违，复驾言兮焉求？悦亲戚之情话，乐琴书以消忧。农人告余以春及，将有事于西畴。或命巾车，或棹孤舟。既窈窕以寻壑，亦崎岖而经丘。木欣欣以向荣，泉涓涓而始流。善万物之得时，感吾生之行休。

已矣乎！寓形宇内复几时？曷不委心任去留？胡为乎遑遑欲何之？富贵非吾愿，帝乡不可期。怀良辰以孤往，或植杖而耘耔。登东皋以舒啸，临清流而赋诗。聊乘化以归尽，乐夫天命复奚疑！

《归去来兮图》是明代画家依据陶渊明的《归去来兮辞》创作的绘画作品。《归去来兮图》以《归去来兮辞》的内容为基础，描绘了陶渊明返乡的场景以及他田园生活的面貌。在表现全文的情况下，从辞中任择一句为主题，共作9幅图，裱为一卷。其中两幅已佚，尚存留的真迹有"问征夫以前路""稚子候门""云无心以出岫""抚孤松而盘桓""农人告余以春及""或棹孤舟""临清流而赋诗"。

郑敾，号谦斋，他的《归去来图》由8个篇幅构成，出现了比之前的题画更长的《归去来兮辞》中的诗句，即"问征夫以前路""稚子候门""引壶觞以自酌""门虽设而常关""抚孤松而盘桓""或棹孤舟""或植杖而耘耔"及"登东皋以舒啸"。其中主要描绘了陶渊明乘船归乡的《稚子候门图》和登上东山抚摩松树的《抚松盘桓图》。《归去来图》的题名不仅是当时的画家，也是诗人经常引用的诗题。在韩国园亭中将大门称为日涉门，无论是"门虽设而常关""临流赋诗"还是"东篱采菊"，韩国人都乐意在园亭的名称上加"壶"字和"松"字，这都是源自《归去来兮辞》和《归去来图》。

无论在中国还是韩国，士大夫在做官时多数心怀紧张、不安与恐惧。因此，如果放弃官职过上没有欲望的生活，就可以避免灾难。在合适的时机退出官场，享受乡间闲适的生活是士大夫心中挥之不去的梦想，这就是士大夫的隐居逻辑。

孔子在《论语》中强调的隐居是处于乱世的君子为了自保而采取的临时策略，即"入世的隐居"。目标是面对一时的困难不与世俗同流合污，承诺未来并坚守自己心中之道。《论语·季氏》中的"居以求其志"说的就是这个意思。儒家追求的超越是通过个人的自身修养，做到安贫乐道，达到"随心所欲不逾矩"的境界。这个境界是指乐观、

△《归去来图》
——张承业，涧松美术馆收藏

△《五柳归庄图》

——金弘道，涧松美术馆收藏

积极而又不神秘地与大自然合二为一而产生的愉快感。

儒家隐士的生活基本上是在等待时机。虽然隐蔽在自然中回避世界，但依旧等待有朝一日会有所作为，这就是"隐遁"。但是道教的"隐逸"并不是持逃避的立场，而是对当时社会的文化，即礼乐、经世没有兴趣，不在乎功利和显达，真正地享受自然。换句话说，就是远离世俗，享受自然的态度。①世间万事中，功名、富贵、名利是人们所期盼的，但这种荣华富贵终究会成为自己遭受耻辱的原因。道教不拘于此，而是追求超世，超世隐者会与自然成为朋友。因此，他们与江湖风月结为友，食野菜为律，把扛挑鱼竿往来的地方视为武陵桃源。韩国的隐士将自己隐居之地命名为桃源景也是这个原因。②

中国魏晋时代以后，陶渊明的隐居生活成为典范，山居、村居、野居、郊居等成为士人追求的居住方式。但是，学者和官员在山居或村居的生活中都会受到实质性制约，如何在隐逸和仕途之间找到一条出路开始成为问题，因此开始出现"市隐"和"朝隐"的概念。所谓的"城市山林"就是在城市中也具备和山林间一样构造的居住环境，并且

---

① 李忠恩，韩国诗歌和道家思想，东国大学附属韩国文学研究所编，《韩国文学的思想研究》上，太学社，1981，141.

② 李忠恩，韩国诗歌和道家思想，东国大学附属韩国文学研究所编，《韩国文学的思想研究》上，太学社，1981，417—424.

坚持隐士的态度。明末清初的归隐文化与传统的隐逸概念不同，隐居于城市或近郊的书斋或庭院中，享受脱俗的文人文化，这种生活态度将自然带入城市内舒适的居住区，最终成为各地有权势之人建立私人庭院的契机。归去来是迄今为止对东亚三国的隐逸文化产生最大影响的价值观。当然，在诗画书中，归去来也是经常出现的题材，也是士大夫和文人的理想生活典范。

武陵桃源，我要住的地方就是这里

如果说在东亚，陶渊明的《归去来兮辞》吸引着文人的归乡之情，那么他的《桃花源记》则是让文人梦想去到另一个理想世界的概念性、观念性的里程碑。换句话说，个人私宅是文人、士大夫对"归去来"的实践，而在建造宅子的过程中，经常将诗中景、画中景般的"桃源景"作为标准。陶渊明的《桃花源记并诗》和《归去来兮辞》同为天下名文。虽然记为320字、文为160字，总共只有480字，却在东亚人的脑海中刻下了固定的思维"武陵桃源就是理想国度"。不管武陵桃源存在与否，都对东亚人的生活和思维产生了很大影响。

在中国古代武陵地区，有一名渔夫以捕食淡水鱼为生。

有一天，他为了捕鱼沿着河道进入深谷后，突然迷路了。渔夫不知道该往哪里去，就沿着水流漫无目的地划船，岸边并排的树木间开满了花，这些树都是桃树。甜蜜的香气弥漫在整个山谷中，花瓣在风中微微地飘动。渔夫想看看树林尽头在什么地方，所以又继续往前划行。

划了一段时间后，在树林尽头、溪水源头的地方出现了一座小山。溪水喷涌的源头附近有一个小洞口，里面透出微弱的光亮。渔夫把船靠在岸边，上岸进洞看了看，里面非常狭窄，勉强能通过一个人。又继续往前走，突然视野开阔，眼前出现了一片土地。这片土地平坦开阔，有肥沃的田地和美丽的池塘，还有桑树和竹林。田间小路四通八达，房屋排列整齐，家家户户的院子里传来狗和鸡的叫声。人们的穿戴也与世人无异，白发苍苍的老人和梳着小辫的孩子也非常悠闲和快乐。

这里的人看到渔夫大吃一惊，问他是从哪里来的。渔夫一一作答后，村民们邀请渔夫到自己家，摆酒杀鸡款待他。听到渔夫来的消息之后，村里人纷纷涌来，向渔夫询问外面的世界。他们自己说："我们的祖先在秦朝时为了躲避战乱，带着家人和亲戚逃到了这座山中。从那以后，没人再走出村子一步，所以过着与世隔绝的生活。"

他们连现在是晋朝都不知道，500余年来一直与外界隔绝。渔夫把自己所知道的事情都一一说了出来，村民们很震惊，但只能感叹惋惜。从那以后，人们轮流邀请渔夫到家里，用美酒佳肴招待他，想从渔夫那儿听听外面世界的故事。渔夫在这里住了几天，就向村里的人告辞回家。村里的人告诉他说："千万别告诉别人这个村子的事。"

渔夫从村子里出来后，乘岸边的船回来，到处观察着可能成为标志的地方。到了家后，渔夫向郡城的官员汇报了事情原委。官员对这个故事很感兴趣，于是派手下与渔夫一同去寻找那个洞穴里的村庄。可是那片桃花盛开的宁静的村庄终究还是没找到。

以上是陶渊明写的《桃花源记》中的理想国"武陵桃源"。这里不仅有所有人梦寐以求的安定的田园风景和盛开的桃花，还有"别有洞天"的洞窟之景。"隐藏在深山中的秘境"形象后来也给中国人留下了非常深刻的印象，以此为主题的诗歌、绘画等众多作品层出不穷。不仅在中国，《桃花源记》也流传到了韩国和日本，受此影响的文人也很多。[①]

日本江户时代的人们认为武陵桃源是神仙居住的仙境。另外，秦始皇的阿房宫已被火烧毁，前去蓬莱寻找不老草的徐福的船只却一去不返，形象地将蓬莱山刻画成时间静止的地方。因此书生说，房子虽小，如果有蓬莱山和桃花

---

① 真野隆也，林熙善译，《乐园》，原野，2000.

源的雅趣，那就是神仙居住的洞天福地，即不拘泥于世俗，享受生活就与生活在桃花源和蓬莱山并无不同，因此将桃花源视为仙界。

在韩国文学作品中经常出现关于想象园的想法。甲乙园林是俞万柱梦想重新装饰的想象园。他在文集《钦英》中多次提出要建造这个想象园的梦想。

> 甲乙园林四面围着造墙，内部仿造成方圆。房子的东边用石制的花坛装饰，上面种着合抱的松树、杉树、榉树、梧桐树、榆树、柳树等，有数百余棵。郁郁葱葱的树林里有亭子。园的西边有个大池塘，池塘边种着花草和果树，夏天和秋天荷花盛开，池塘里还有三个岛。亭台楼阁随处可见，可以眺望到各处。……主人收藏了数万册书籍，百余种词乐，可以在享受山光水色、鸟语花香中直到老去。这才是真正的清福和神仙生活。

而洪吉周梦想中的园亭是吾老园。他在自己的文章《孰邃念》中详细描绘了吾老园的形象。吾老园是依托宅邸北侧的北山而建的庭院，东西和南北的距离各十里。从宅邸西北侧墙角的小门走出往东北方向走二里左右就能看到吾老园，这里有奇异的绝壁和秀丽的瀑布形成的绝景，正如从"吾老"的名字中看到的那样，这是洪吉周为安度老年生活而设计的空间。洪吉周的《孰邃念》虽然是从划分住所开始，但它没有止境。外面以祠堂和正寝为中心，走过吾老园和三光洞天，越过北山就到了何景，何景内的窗户、背垫、隔板在缝隙中聚拢。正如在《孰邃念》结尾处所见的"地球这一星球，南盐府注，朝鲜土地，汉阳城，南部熏陶房，竹田洞的小房子，厢房，北窗下醒来的我"一样，通过园之想象，他将关注的范围进一步扩大至人类对事物的认知以及思考的问题上来。①

此外，柳庆宗的《意园志》、张混的《而已广》、黄周星的《将就园记》、金麟厚的《平泉庄记》等作品也描绘了自己梦想中的想象园。

因为想象园是通过文字描绘想象的空间，所以可以自由尽情地进行想象，反过来说，与现实世界无关，"不存在"这一点非常有趣。无法想象与实际自然无关的自然美是人类的局限性。因此，虽然不能置身想象园，却可以用眼睛设想，虽然不能亲眼所见，但可以用心想象。所以即使不拄着拐杖寻找庄园，也可以坐在机席上观看整个世界。古往今来，园林对于人类来说都是实现个人理想愿望的理

---

① 洪吉周，李弘植译，《想象的庭院》，太学社，2008，240—242.

想国，而且这种想象主要通过文学体裁被刻画出来。但是在园林被具体化的过程中，绘画会产生更直接的影响。在园林空间里再现自然，从这个过程来看，东亚三国都把自然带入其中，但具体再现方式各有不同。武陵桃源虽然是一个没有实体的假想空间，却是给东亚古代人的生活和思维带来巨大安慰和希望的理想空间。

诗、画、书法一体

园林是深受绘画和诗歌影响的艺术领域。因此，在诗和画中追求的东西会直接反映在园林建造上。中国园林艺术以"诗、画、书一体"的艺术思想为基础表现在园林空间布局上。"诗、画、书一体"的想法不是一朝一夕形成的，是随着时代的变迁自然融合而成的。这种想法的基础就是人类感情的自然化使"感"艺术诗同时成为"见"艺术，而自然的情感化则使"见"艺术画同时成为"感"艺术。因此，诗是由感而见，诗中有画；画是由见而感，画中有诗。这就是诗和画自然融合在一起的结果。[①]

在儒家文化传统中，字可以说是"心灵的画"，字与人格修养有关。宋朝书法家黄庭坚认为"学书要须胸中有

[①] 徐复观，《中国艺术精神》，台北学生书局，1984年，第8版，480.

道义，又广之以圣哲之学，书乃可贵"，他强调文字应以道义和学问为基础。中国唐代书画理论家张彦远在自己的著作《历代名画记》中主张字画同源，本质相同，诗与书法以其文同质，即书法具有形象性和文章性两种性质。书法与画在一起时，形象上具有同一性，与诗一起时，用文字表达相同的意思，所以书法在诗和图画之间起到媒介作用。

"诗、画、书一体"这一想法对把自然抽象化表现在园林中的园林艺术产生了直接的影响。以诗为媒介时，园林的自然就是诗中景。将园林建造出来后创造的视觉风景，不知从哪个方面又转化为画中景。书法也被引入这个过程中，在诗中景和画中景之间构建桥梁。在写诗的过程中，可以从视觉上感受到字体之美。对字体的艺术品味使人们把诗想象成特定的诗中景，同时在画中感受到那种画中景的氛围。诗、画、书就是这样相互关联，并为我们提供多样的风景体验。

2. 不同自然的边界

　　在东方，书写地址是按照国家、城市、社区、道路、家、名字的顺序，即从国家到个人。而西方则按照名字、家、道路、社区、城市、国家的顺序书写，即从个人到国家。二者标注自身位置的目的是一致的，但是对自我所处位置的理解和概念化的过程中存在差异。从中我们可以一见东西方文化差异的一个侧面。这种相对立的视角也体现在东西方园林艺术上。

　　园林是完美的空间艺术，造园是人再现自然的行为艺术。也就是说，园林是把人类对于自然的看法呈现在空间上的艺术。但其发展东西方是以不同的途径进行的。西方不重视园林的自然性，认为园林是人工创造，因此自然不是无界限的无限对象，而是困于界限中的装置。以人改造为主的观点来看自然，西方的庭园经历了从"自我空间"

到"外部世界"的过程，即从局部到整体扩展概念和想法的方式。

与西方相反，东方的园林从"整体到局部"展开，在以自然为本的时代价值观的框架下，依据绘画或文学的形式，规范地遵守空间的形式。所以在当时的社会观念和统治规范这一框架下，个人的个性和志趣得以发展和培养，即在社会规范的整体上，彰显"作为部分"的个人志趣。如果不了解社会整体的流动规范和文化的内容形式，就难以了解园林的内容和形式。总而言之，如果不能理解统治阶级享有的诗、画、书的文化脉络，就很难体验到东亚园林文化的真正美学表现、情趣乃至美学体验。所以在观赏和感受园林前，要先解读和理解园林。

东西方园林都是寄托人类希望与期待，展现心中理想环境的空间。园林空间的概念在东亚三国通过造山、栽植、借景、景物、池塘等手段或物象将其形态具体化的过程中得到不同的展现。即东亚三国以自然景观为描写对象的诗、画、书的内容展现在园林里的时候，这一概念便依据各自不同的文化取向得到不同体现。

中国园林中蕴含着强烈的"意中之林"的内涵。虽然造小山、养池鲤，但建造园林旨在享受身处遥远大自然之林的感受，并试图在园林空间中融入诗人和画家所感受到的山水情趣。画家心中的山水形象虽然已经缩小，却原封不动地呈现在园林中。中国园林从人的立场上引山入水，导入自然，并将之融入自我世界的意图十分强烈。于是借园林来呈现山水、岩石、山月等自然景观。英国的造景家凯奇（M. Keswick）使用了"山入园林"这样的词来称赞中国园林。中国园林理论家计成所著的《园治》中的"虽由人作，宛如天开"表达了造园所要达到的意境与艺术效果。

自然难以如实地呈现在我们眼前，但是文字可以，即通过诗来唤起我们对自然的无限遐想。诗人发现园林中的审美客体，将情寓于景中、道于诗里。此时通过自己的感情创造新的景象。虽然园林的花草树木和亭子会消失，但诗会永远留存，以此来想象和再现当时的园林。也就是说园林的诗画书可以永久流传。[1] 中国园林的特点就是能够用诗中景来弥补园林的空间体验感的不足。

中国园林里如实地反映了中国人所思所想的自然。中国园林里的自然是"人造自然"。不久前，一位日本学者在非公开场合谈论中国文化时表示："看中国的文化产物时，好像看到了'西欧的尽头主'。"也就是说，西方文明似乎最终到达了中国大陆的尽头。东亚三国中，中国人的园林

---

[1]　沈禹英，中国山水自然诗与园林美学，《中国文学研究》36，韩国中文学会，2008，28—57.

文化最是以人为本。只要稍微装饰点缀一下，就可以称之为"为了人类、依靠人类、属于人类的自然"。中国园林强烈地表现了人们生活中的轶事、人际关系、观念等。从这种观点来看，中国园林自然可以说是人造就的自然。以人为本所以"来源于语言和文字"的诗中景成为园林的中心概念。

中国园林中有分割周围和生活区的高围墙，进入建筑内部，在比周围更暗的回廊里可以看到明亮的院子、景物、花。此时的空间比实际更深远。通过被竹林包围的黑色怪石洞穴，看到明亮的外庭，仿佛置身于深山远林中向外眺望一样。正因此门洞上写着"通幽"二字，竹林一年四季尽显幽深。沿着回廊和园路走一走，空间的氛围也完全不同。游人通过这狭小的空间就可进入如山水画般深远的空间里。

"幽玄"二字顾名思义就是"理致和雅趣深沉而微妙"之意。因为幽深朦胧所以昏暗，幽玄即意味着深远。在体验园林空间的过程中，如果设置一些昏暗的视觉层次，人会对空间产生一种深远的感觉。同时从暗处到明处能使人切实地感觉到远、玄、清。中国的诗歌和绘画都从园林的观点出发观察并理解自然。园林的概念是绘画中追求的美学思维，同时也是适用于空间构建的艺术思考方式。以美学价值为目标的园林，在山水画上体现得淋漓尽致。在昏暗的丛林、回廊或比周围更暗的建筑物中，人看到明亮的外部，从而瞬间感受幽玄美感的造园方法在东亚园林文化中随处可见。自古贤人隐居的空间大都是在深山老林。也许正因为如此，所有人都从黑暗走向光明。

在园林中如此追求幽玄，是为了让我们的意识超越有限，迈向无限。园林唤起游人心中对时空无限性的感悟。中国云南省昆明市的大观楼有一副对联，可谓天下第一长联，讲述的就是无限空间与无尽时间。[1]

上联：五百里滇池，奔来眼底，披襟岸帻，喜茫茫空阔无边。看东骧神骏，西翥灵仪，北走蜿蜒，南翔缟素。高人韵士，何妨选胜登临。趁蟹屿螺洲，梳裹就风鬟雾鬓；更苹天苇地，点缀些翠羽丹霞。莫辜负四围香稻，万顷晴沙，九夏芙蓉，三春杨柳。

上联描绘了一个广阔无垠的空间，下联则叙述了无尽的时间。

下联：数千年往事，注到心头，把酒凌风，叹

---

① 叶朗，徐真熙译，《中国艺术中的意境》，首尔大学美学研讨会，1994，219—230.

△中国浙江省杭州市郭庄（左）；江苏省苏州市怡园（右）

——作者供图（左）；陈建行（右），《园林诗情》，江苏美术出版社，1992

滚滚英雄谁在。想汉习楼船，唐标铁柱，宋挥玉斧，元跨革囊。伟烈丰功，费尽移山气力。尽珠帘画栋，卷不及暮雨朝云；便断碣残碑，都付与苍烟落照。只赢得几杵疏钟，半江渔火，两行秋雁，一枕清霜。

园林中的美学体验是同时体验远景和近景的山水，因此山水画中所指的远、玄、清的形象体现在这园林自然风光中。中国园林在吸引自然的过程中也是如此。现代诗中描写诗中景或画中景，常用远、玄、清的概念相互代替，这是非常频繁出现的美学价值。在园林中，这三个价值具化为"幽玄"这一概念。

从东亚三国对自然的态度来看，韩国可以说是最顺应自然的，因为韩国人追求的自然美是"朴素的美，醇香的味道，善意的美，淡雅清纯的美以及顺应自然的态度"。从自然美中寻找韩国美的高裕燮、金元龙、赵耀汉等美学家的看法也与此相同。可以说韩国园亭的形态、位置、景物的精心安排，以及其他用于园亭的设计原理都是基于道教、佛教的宗教世界观产生的。

韩国的园亭并不以人为中心，也不拘泥于框架。用"融于自然"表达更为贴切。这一观点在东亚三国园林里非常容易得到印证。韩国的园亭存在边界，但结构较为松散，边界虽然存在，但并不明显。韩国的造园思想更倾向融于自然，与自然浑然一体的那种"自然"。西方人因其以人为本的自然观，所以难以理解这一造园思想。韩国园亭也尝试过西方园林那样的设计构图，但大部分都没协调好，房子和院子是分开的。由此可见，韩国文化中孕育的质朴之美远离了其他复杂的装饰和技巧。虽然韩国园亭有其边界，但始终是融于自然的。韩国画家郑善的画作所体现的干练美和充满细致的变化之妙正是饱含超越美的韩式自然美。这一思想在韩国园亭里也原封不动地表现出来。

韩国的园亭文化是"园"与"亭"的文化，"园"代表着家园，"亭"是指遍布山川的亭子，二者需要从概念上理解。正如"园亭"二字所指，园和亭这两个文化空间具有广泛的联系。

把园亭两字拆开，可看出园亭自然的社会属性。韩国园亭的风景不具有私人化特征。韩国园亭的风景与其所有者或社会阶层无关，是共同拥有的。亭子就是具有这种功能的社会性空间。韩国的园亭不像中国、日本那样将大自然引入高墙之内，而是降低墙的高度，使其融于自然。相比于中国园林华丽的窗框、日本庭园渗透的禅意，韩国的园亭，四季更迭，花木映矮墙，倒影入池塘，流水潺潺，清新悦耳，随意坐卧的亭子等，以淡泊、朴素、稚拙、营

△全罗南道潭阳郡明玉轩园林
—— 作者供图，2011

造出一种静中有动的自然氛围。

与中国和日本相比，韩国园亭空间的典型性并没有得到明显的传承，但是却经常出现方池和池中岛。方池是韩国园亭的代表作。方池融于自然，在此能看到风中摇曳的花瓣，也可以从摇摇欲坠的枫叶中感知深秋。残雪的早春时节，轻风拂过，柳条随风摇曳，倒映在池塘里。

将视线转移到淹没在水中的神仙岛，观赏者的视线瞬间穿过假山进入所谓的仙界。通过这个小岛，穿越时空，随时出入于现实和理想世界中。韩国园亭里的自然是同时共存于风景中的双重自然：它包括真实的自然和池塘中的自然。

在介绍日本庭园的视频中经常会出现长满苔藓的古老石庭，通过参禅获得内心的平静安宁，展现禅宗的氛围。日本庭园里弥漫着沉默，一切都静止了。唯有竹筒里的水、池塘中悠然自得的鲤鱼、随风飘舞的花瓣和禅僧的木鱼打破沉寂。然后雨滴落入池塘，露珠映衬布满苔藓的砾石。每日，从苔藓里收集树叶和花瓣。经常反复使用耙子在沙地里打造出波浪。日本庭园与佛教禅宗思想密不可分。

坐禅与冥想是禅宗最重要的修行方法。参禅时需保持沉默，不为无常外界所扰。此时，唯有无限的时间与不变的空间具有意义。所以这样的氛围成为日本庭园的内核

△忠清南道洪城郡赵应植家屋（古宅）
——作者供图，2008

是理所之当然。在日本，庭园与其说是展现美的对象，不如说是为了回顾自我，进行内心观照的对象。经年累月形成的苔藓象征着静止不变的时间。尽管四季更迭，落英缤纷，日本人总是试图保持着石头上的苔藓。在他们的眼中，庭园蕴含着宇宙。相传，庭园是佛祖的极乐世界。于是，面对不可预测的火山喷发、时常来袭的海啸、不断发生的地震，日本人自然而然地把庭园作为寻得平静与安息之所。

日本庭园中，自然是和人类保持一定距离的观照对象。省略那些瞬息万变的无常要素，把大海、岛屿、石头、苍松和青苔等不变的要素作为重要对象。禅宗的清心态度也体现在庭园里。排除细微可变的一切外物，屏息静性地在庭园里作画。那幅画也是按照在房间内保持一定距离进行观赏的前提而作的。与自然保持一定距离进行观赏的态度在平安时代的民宅庭园里也得到了体现。当时的贵族寓情于景，借诗抒情，自然与诗歌相互融合，采摘野生植物种在前庭，即前栽，字面意思就是"种在前面"，在大庭园内居处的檐廊前院种下各种各样的花草。用竹子做成矮篱笆，其中还种着一棵梅花树和几株野花，此景作为画卷被保留了下来。①

① 橘俊纲，金承仑译，《作庭记》，燕岩书家，2012，150.

△日本青森盛美园（上）；日本京都西方寺苔寺（下）
——作者供图，1998（上），1999（下）

△前栽

——橘俊纲，金胜云译，《作庭记》，燕岩书家，2012，150 页

　　庭园中的画中景是固定不变的，所以日本人尤其关注和喜爱诗中景。细雨落下，池塘里泛起阵阵涟漪；浓浓海雾中，石岛上的孤松与惊涛骇浪；花瓣纷扬的樱花树下女性孤独的阳伞等意象中，诗中景占据日本人抒情的重要部分。比起诗中景，"风情"这一表达更为常用。日本著名的庭园理论书籍《作庭记》正是使用"风情"这一概念对作庭的要点进行了解释说明。

3. 苏州拙政园

　　中国三国时期吴王孙权统治的江东地区，疆域辽阔，水量丰富，农业发达，这片区域培养出了很多富农和文人。拙政园所在的苏州地区有很多湖泊，太湖石之类的石材也十分丰富，所以为江南的园林建设做出了巨大贡献。苏州到处是水乡，由于乡村水路众多，拱桥便成为代表性的水路风景。这里以乘船为主要交通方式，"慢"生活很普遍。在追求美的精神活动中，这种缓慢就与抒情联系在一起。由于苏州盛产水稻和海鲜，所以这里的饮食文化也丰富多彩。在这种气候温暖、社会安定、饮食文化丰富、人民生活富裕的氛围中，画家和诗人汇聚一堂，大力发展独具特色的园林文化是理所当然的事情。

　　苏州这个地方多雨潮湿。因为土地大部分是黄土，所以地面总是很泥泞。因此为了防止打滑，会把砖石铺在地面上。地面上刻有带来福气的蝙蝠、象征长寿的鹤、文人喜爱的莲花等多种图案。因为避雨而居，所以园林中回廊也很常见。在园林中，大部分人们会边在回廊中散步边欣赏外面的风景。再加上这里是亚热带气候，所以树木多是暗绿的常青树。为了达到对比效果，会将围墙涂成白色。这里也种了很多竹子和兰花，还有许多易成活的盆栽。这也是将盆景视为一种风景的盆景园特别发达的原因。苏州的冬天也很暖和，所以不需要暖气，不坐地板、坐椅子的生活方式很普遍。这里通风设置是必须的，所以会设置花窗或漏窗，便于通风。由此可见，与诗、画、书等文化因素相比，园林的建造和发展更直接地受物理环境的影响。

拙政园位于中国长江以南的苏州，是中国四大名园之一，占地面积广，有 500 多年的历史。现在园内还有很多树龄超过百年的古树。明正德初年王献臣建成此园以后，拙政园曾多次易主，园林也被分为西园、东园、中园三个部分，并逐渐扩大。在这期间，拙政园只是增加了建筑物，并没有改变大框架，所以一直保持原样到现在。一般来说，园林中的树木、景物等自然要素经常发生变化，所以很难保持其原有的氛围。只有拥有当时的画作或图纸、说明资料等具体记录，才能保留原有的园林氛围。正巧，拙政园

△中国水乡角直的水路风景
—— 作者供图

△吴儁,《拙政园图》

—— 苏州园林管理局,《拙政园志稿》, 1986, 图 27

里还保留着诗、画和园记,所以才能在漫长的岁月里保持
其原有的古色古香的氛围。

在园林中,诗中景和画中景的象征性意义主要表现在
两个方面。一是场所和风景;二是题名和对联。在中国的
园林艺术中,题名和对联是可以理解园主或造园家慧眼的
标尺。如王维的"辋川别业"、李德裕的"平泉庄"、白居
易的"庐山草堂"和"履道里"等。宋代以前的园林是根
据所在地的地名而命名的,宋代以后才盛行反映诗意的题
名。题名和对联从其属性上看,文字长度短,因为要用短

句传达整体的意义，所以会用重要的单词来表达。极短的内容可能是要贴在建筑物的匾额上，只用三四个字就要传达园主或造园家的意思。

拙政园这一名称取自西晋文人潘岳《闲赋居》中的"灌园鬻蔬，供朝夕之膳……此亦拙者之为政也"。

> 庶浮云之志，筑室种树，逍遥自得。池沼足以渔钓，春税足以代耕。灌园鬻蔬，供朝夕之膳；牧羊酤酪，俟伏腊之费。孝乎惟孝，友于兄弟，此亦拙者之为政也。

初期，拙政园内建筑稀少，但随着岁月流逝，园主频繁更换，亭子数量也不断增加。亭子的名字几乎都是取自著名诗人的诗歌："兰雪堂"取自李白的"独立天地间，清风洒兰雪"；"涵青亭"取自储光羲的"池涵青草色"；"放眼亭"取自白居易的"放眼看青山"。描写四季自然变化的场景几乎占了大部分，书法家还亲自写匾额，还有用对联连成名诗的。在拙政园的玉兰堂里，有写文徵明的"明香播兰蕙，妙墨挥岩泉"，梧竹幽居中也有赵之谦写的"爽借清风明借月，动观流水静观山"等，都展现了诗中景。

△吴儁,《拙政园图》

—— 苏州园林管理局,《拙政园志稿》, 1986, 图 27

虽然这些题名和对联本身广为人知,但诗的内容和象征意义并不一定符合其所处的地方,描述得也不一定恰当。反而为了使该风景带入诗中景,也有引用名诗的情况。

对联可以告诉我们当时生活在园林中的文人雅士的品格和精神,但也可以为自然景色赋予人格,注入感情,其意义甚至可以扩大到无限的境界。人们通过对联来了解诗人的审美情趣,不把景物看成寻常的事物,而是通过刺激自己的艺术情感来培养审美慧眼。像"风篁类长笛,流水当鸣琴"等这样脍炙人口的名联,不光在沧浪亭,还出现

△《拙政园》

——曹仁容,《苏州园林名胜图》,古吴轩出版社,2010,73 页

在拙政园。[①]

　　很难用区区几个字来传达通过诗人的心灵和画家的眼睛而展开的风景，所以只能以诗或画的整体为媒介来欣赏园林之美。即使岁月流逝，风景变迁，诗人留下的诗意却依然如故。拙政园兰雪堂西侧的一个土石山后的草地上，有一个弓形的池塘，真实再现了"池涵青草色"的诗意；听雨轩里种有芭蕉、荷花和竹子，在这里赏雨时，可以感受到"听雨入秋竹"的诗意；得真亭的中央挂着一面大镜子，四周的山水花木都映入镜子里，如实地再现了"镜里云山若画屏"这句诗的意境。但诗意不能原封不动地照搬到园林里去，只有依靠画家或其画作，使意象在视觉上得到转换，才能在真实的园林中表现其形象。

　　　　《辋川别业》（节选）
　　　　雨中草色绿堪染，
　　　　水上桃花红欲然。

　　中国唐代代表诗人王维的诗《辋川别业》中对花木的视觉描写非常鲜明。这首诗将草与雨、桃花与水相结合，

---

① 　沈禹英，中国山水自然诗与园林美学，《中国文学研究》36，韩国中文学会，2008，28—57.

通过鲜明地对比山水的色彩感（绿与红），表现园林中花木的五彩美感。这里值得关注的是"辋川别业"这个题目。如果没有这个题目，读者就很难了解地点、空间乃至瞬间的季节性脉络。因为有了"辋川别业"，红色的桃花和雨中的绿色就能清晰地出现在人们的视野中。这就是题目所暗示的空间和意义创造出的诗中景。如果在园林里读《辋川别业》这样的诗，读者就可以立马进入诗中景。因为读者已经在《辋川别业》这一空间范围内领略到了诗意的表现。

《海棠》
东风袅袅泛崇光，
香雾空蒙月转廊。
只恐夜深花睡去，
故烧高烛照红妆。

再以宋代文豪苏轼的诗作《海棠》为例。这首诗以具体的对象描绘了园林里盛开的海棠花周围的风景。苏轼在园林的回廊里欣赏着洒满月光的花园；在梦幻般的氛围中享受着从雾气中飘来的海棠花香，深夜兴起看花是否入睡，拿着蜡烛照看海棠。因为有了海棠花，诗意描写更加清晰鲜明，又转换为诗景，意象随即得到传达。

《咏拙政园山茶花》（节选）
拙政园内山茶花，
一株两株枝交加。
艳如天孙织云锦，
赪如姹女烧丹砂。
吐如珊瑚缀火齐，
映如蟠螭凌朝霞。

　　进一步来说，当场所和表现的对象以诗题出现时，读者的心象就会变成更鲜明的诗中景。上面这首诗中，明末诗人吴伟业从审美的角度，描写了他观赏拙政园的山茶花时所产生的感受。这首诗通过描写拙政园里盛开的纯美的山茶花，表现出了诗中景的画面。

　　如果画家画出园林的全貌，园主通常会根据这种感觉在造园过程中将之反映出来。此时作为依据的图画可以省略细节部分，而着重刻画画家认为重要的园林的视觉对象。所以，在描画整体的同时，实际上是把在画家心中占有重要地位的景物重点画在了画卷中。而诗人是先看画再表达诗意，所以基本上依赖于画家的眼睛。由于绘画可以鸟瞰园林这一空间，因此很容易从整体上把握其特征和结构。但部分场所微妙的特点却难以说明。诗人通过诗歌强调这样的部分，给静态的画注入了生机。

如果画要转变为画中景，就必须在空间中传达诗意。它是通过诗并以"动态"因素做媒介实现的。因此，这些诗中有很多"动态"的表现。通过来、到、起、步、发、声、敲、映、借、鸣、飞等字，使诗意对象动起来。再加上月、水、风、花瓣、香气、雪、水声、影、霞、霜、雾、虹等季节性风景要素在题画诗中交汇在一起，画就会变成具有活力和抒情性的画中景。拙政园风景照上的现代中国诗歌也可以发现这种活力。通过诗、照片给风景注入了活力和抒情性。

点点新荷叠清光

晨起步回廊

借得塔影伴芙蓉

小院深明别有天

晓来谁染霜林醉

无风波处是我家

闲敲棋子落灯花

文徵明的《拙政园图咏》是用画和诗来吟诵表现小飞虹（意为"小小的势欲飞动的彩虹"）的风景。小飞虹是位于拙政园中园的远香堂到得真亭的一座廊桥，清代有诗云：

　　小飞虹，在梦隐楼之前，若墅堂北，横绝沧浪中。

　　蚍蜒连蜷饮洪河，
　　落日倒影翻晴波。
　　江山沉沉时未霁，
　　何事青龙忽腾骞。

△《园林诗情》
——陈健行，《园林诗情》，江苏美术出版社，1992

知君小试济川才，
横绝寒流引飞渡。
朱栏光炯摇碧落，
杰阁参差隐层雾。

我来仿佛踏金鳌，
愿挥尘世从琴高。
月明悠悠天万里，
手把芙蕖照秋水。

　　当时的小飞虹就是普通的木桥，而不是现在的廊桥。诗中描绘了红色的桥栏杆、蓝色的水、划破水雾的小飞虹的风景。现在的小飞虹是一座廊桥，伸向水雾中。

　　在诗中，自然风光要素与诗人的独白相互交织，展现了小飞虹的诗中景。画中诗的内容是，边欣赏画边吟诵碧水、水雾，以及倒映在秋水池中的诗人自己的样子。小飞虹的诗中景就是这样呈现在心象中的风景。从小飞虹栏杆往两边看，宽阔的水边风景和对岸的风景同时映入眼帘。在回廊里走动的时候，风景会在瞬间发生变化。"步移景异"就是指在动观的状态下品味风景。

　　海棠春坞位于拙政园中部主要景区的东南角，在广阔

△拙政园 小飞虹今（上）、古（下）

—— 中国苏州／作者供图

的拙政园内是一个很容易被忽略的院子。海棠春坞，直译就是春天里海棠盛开的地方。海棠春坞的庭院里只有两间房，几块杂石，几棵树竹，所以显得微不足道。但作为形象极为丰富的院落，不妨将其视为一个园。虽然这被槐树树荫笼罩的院子里仅仅使用竹子和石头进行装饰，但静观就会发现这里不仅风景幽雅，而且在空间上让人感受到无限的情趣。虽形式端正，但空间却变化丰富，表现出了极高的艺术性。

从造园技巧来看，海棠春坞是体现诗中景和画中景相互转换过程的一个有趣的例子。海棠春坞里只有树立在小院子墙前的一棵海棠，两三棵竹子和怪石，画在地上的海棠纹样和"海棠春坞"的题名。这里的小庭院象征着中国文人园林中所呈现的景物和风景要素齐备的抽象山水画。墙上写着的"海棠春坞"说明这个庭院里一直是春意盎然。海棠花、竹子、怪石实际上是立体排列的，但通过"海棠春坞"这一题名，游客会将这一画面视为一幅山水画。三维空间转变为平面画中的抽象空间。

建造庭院的人依据想象中的诗中景装饰了庭院，但观赏者将其视为一种画中景，即文人画。观赏者在某个瞬间将海棠春坞视为一幅抽象山水画。在这个过程中，观赏者穿梭于两种风景之间，同时体验着遥远的真实山水和展

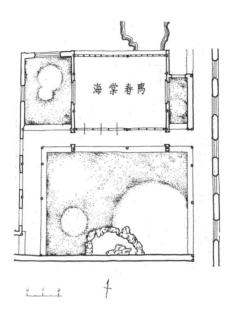

海棠春鸥

△拙政园海棠春坞的平面图和鸟瞰图
——张家骥,《中国造园艺术史》,山西人民出版社,2004

△在海棠春坞的庭院里可以看到的画景和诗景、文人山水画

——拙政园 / 作者供图

现在眼前的抽象山水。换句话说，也就是把海棠花、怪石、竹子等眼前的实际景物转换成画中的自然，从而将只存在于观念中的遥远的山水通过眼前的实际景物转变成具体的山水。这就是诗中景与画中景的交叉。在名为"画"的二维平面中展现的山水，以海棠春坞为媒介，转换为立体的山水的概念。然后经过回廊，观赏者在小飞虹上欣赏周围的风景，看的人就会觉得眼前的山水就是真实的遥远的大自然。比如，在观看人工假山和池塘的过程中，前往从未去过的黄山。海棠春坞的美学体验效果就在这里。

诗本身的空间边界和范围是不明确的，但在题名或实际园林中，只要空间脉络清晰，就会立刻转化成诗中景。当属性上的内容通过静态或诗意的表现使风景变得生动时，画就会转变为画中景。这样，诗中景和画中景并不相互独立，根据以两者为媒介的动态要素，其感觉和意象相互颠倒。拙政园虽说规模大，但因为是私家园林，所以没有皇家园林那么大。要想把广阔的自然引入有限的空间里，形成美丽的风景，就需要巧妙的造园技巧。比起打造以自然山水为主的画中景，打造建筑与景物相融合的诗中景会更加容易。在园林中，对联和匾额上的诗或字句在空间的美学体验中唤起了诗意的想象。由于受到明清时期流行的

"朝隐"的影响，比起在框架中通过画来体验拙政园风景的画中景，人们更注重用心灵来体会的诗景。拙政园是诗中景占统治地位的园林。拙政园的园林之美就活在美丽的诗中景中。

4. 潭阳潇洒园

　　高丽后期，从地方乡绅阶层进入中央阶层的新兴士大夫在高丽、朝鲜改朝换代的过程中，因立场不同而被划分为所谓的勋旧派和士林派两大派系。前者与政权关系密切，因此开始注重科举出仕为官的渠道，具备性理学素养和通过政治手段用人的态度。成宗—燕山君初期，士林派开展了阻止勋旧派在政治上独占鳌头的政治斗争。仁祖反正后，士林派曾在中央与勋旧势力展开了激烈地竞争，但最终失败。此后，由于其地位有所下降，主要定居在洛东江上流的安东和智异山一带。他们在溪谷和河边建造亭子与精舍，享受山水田园的乐趣，形成了放弃科举考试的归隐型隐士群体。与此相比，政治基础稳固的世袭士大夫—京华士族则在首尔北村等地扎下了根，随着子孙繁衍，在首尔近郊或京畿地区的低矮山丘上建造了别墅，有时也会选择汉江边上的一个名胜地来经营精舍。

士人辞官蛰居为"归隐"，远离世俗建别墅生活为"卜居"。士大夫当官时生活在首尔，辞官后回别墅，这是当时的惯例。

士大夫或士人的私邸、书斋等用语中最常见的是别业、别墅、精舍、庵等。别墅是指与原居住建筑（即本第）相区分的建筑。因为有附带的耕地，所以大体上用作休养或接待客人，是一种别庄。不仅被用作熟人之间的交流场所，还被用作临时的退居之所和生活空间。别墅里还有负责耕种的用人和管家。

△郑敾，《溪上静居》，1746
—— 个人收藏

16 世纪，在经历了四次士祸之后，岭南的儒学者，以私有土地为基础，在自己的庭院里建造了自我修养的空间。深入研究山水诗，积极创作游山录，同时开始用文字和绘画记录以田庄为中心的所有地周边的美景。在对于建造和维护别墅十分重要的园记和别墅图中，大致记述了建造别墅以及到那里享受风流的过程。画中描绘了这种氛围，在这种表现的背后渗透着归去来的精神和隐居的生活态度。由此来推测别墅的风景并不难。归去来的生活态度、以诗画享受风流的隐士生活、木板中的别墅画景，这些都是解读潇洒园基本说明的钥匙。在潭阳潇洒园的池塘里，朝鲜中期的社会风貌、隐士生活和别墅的一切都成了影子。

潇洒翁梁山甫一家和经过潇洒园的文人墨客，望着潇洒园，心中想象着世外桃源。诗人将潇洒园比作桃花源，梁山甫一家在建造潇洒园时也试图实现这一点。梁山甫是朝鲜中期的隐士。他在看到老师静庵赵光祖的悲惨结局后，早早放弃了成为中央官僚的梦想，回到了家乡，隐居在了小时候曾看到过的支石洞中。

潇洒园是历经三代才建成的别墅。500 多年前，即 1520 年左右，潇洒园最初是从一个被称为"潇洒亭"的小亭子开始的。先建了霁月堂，然后建了光风阁；接着，梁山甫的两个儿子在光风阁旁建造了鼓岩精舍和负暄堂，培养后代并蛰居在此。实际上，潇洒园是到梁山甫的孙子梁千运这一代才完成的。潇洒园在梁山甫的外兄俛仰亭宋纯和当时的潭阳府使石川林亿龄、河西金麟厚等的帮助下，才有了现在的风貌。潇洒园是隐士梁山甫实践归去来的地方，是将理想置于桃源景并试图在空间中实现这一理想的庭院。他要求子孙后代继续坚守潇洒园，金麟厚的《潇洒园四十八咏》和在两百年后的1775年所制作的木制版本《潇洒园图》，至今仍保存完好。潇洒园是韩国值得骄傲的非常宝贵的一座古典园亭。

梁山甫平时仰慕的人物有以《爱莲说》而闻名的周敦颐和写出《归去来兮辞》的陶渊明。自然而然，他们的想法就为潇洒园的建造提供了参考。宋纯和金麟厚是同一时代的儒学者，两人交情颇深，都是对潇洒园的建造产生了具体影响的人物。他们通过各种诗文表现了潇洒园之美，他们描绘的潇洒园的画、诗、景物的内容都与桃源境有着深刻的联系。神仙生活的世界、仙界，这是众多来到潇洒园的文人墨客的共同感受。诗中也用"别有洞天"指代仙界。金麟厚的《潇洒园四十八咏》中有很多将潇洒园视为仙界的内容。

《负山鳌岩》
背负青山重
头回碧玉流
长年安不扲
台阁胜瀛洲

《榻岩静坐》
悬崖虚坐久
净扫有溪风
不怕穿当膝
便宜观物翁

《壑底眠鸭》
天付幽人计
清冷一涧泉
下流浑不管
分与鸭间眠

《桃坞春晓》
桃花坡上新春至
迷人香花浸晨雾

沉醉岩石山谷里

如穿武陵小溪中

《桐台夏阴》

岩崖承老干

雨露长清阴

舜日明千古

南风吟至今

神交谢形迹

真赏在幽襟

高敬命

诸益喜来天下士

群仙疑自海中瀛

——赵景望

天琢奇岩妆洞壑

人开方沼象怀瀛

——郑光渊

昔余足踏岩蹬尽

方丈蓬莱指点里

— 朴光一

依稀日月壶中界

仿佛烟霞海上瀛

— 李厚源

仙园已八品题间

持赠清词知有以

— 朴光一

仙庄物色想难裁

蓑笛分明月下来

— 徐凤翎

潇洒仙园胜

闻名凤会心

— 玄徵

　　像这样，诗人直观地把潇洒园看成仙界。文人墨客认为潇洒园风景的主题是"世外桃源""别有天地""仙界"。但在他们的诗中，只是说这里像仙界，并没有把仙界的面貌具体或完整地描绘出来；只是在各自心中描绘出仙界，并激发想象，没有实际的图画；只是诗人指出了通往仙界的路口。诗人认为潇洒园是仙界，但也借用了世外桃源的概念。比起无法到达的世外桃源，先祖更愿意在现实中寻找桃源境。这种态度也经常表现在潇洒园的诗中。

观赏者跟随诗中的说话人，各自在想象的世界中描绘仙界的风貌。但是，如果在现实空间品味诗歌，那么诗歌的意义就不同了。炎炎盛夏，在潇洒园的光风阁里，听着溪流的哗哗声，与挚友品酒，在诗兴大发之余吟诗一首，就会产生只有亲身体验过的人才能分享的独特诗兴。如果亲自走在潇洒园并品味前面的诗，那时的诗情和诗意与阅读文字时截然不同。另外，当你在不同的季节、不同的场所读同一首诗时，也会体验到完全不同的诗意想象。

无论诗中的表达多么精妙，都无法比某一瞬间在那里感受到的体验更强烈。

诗也可以通过"暧昧模糊"的表达，唤起关于诗的想象。其中一个典型的例子就是用不同的单词表达相同的意思。表示"仙界"的有"丹丘""壶中""桃园"等，不同的人会使用不同的词，但这些词在一定情况下意思相同。

在潇洒园的诗中，"潇洒园"被称为"支石""洞中""平泉""亭台""玉洞""名园""仙园""梁园""东园""岭下"等。之所以使用不同的名称，是因为在不清楚其意思的情况下还要去理解，即通过暧昧模糊反而能丰富诗意传达的效果。然而，一旦了解了含义的脉络再欣赏诗，对它的感触就会更广、更深。

这也是当时文人之间共有的一种"故弄玄虚"的态度。《潇洒园图》木刻本中有金麟厚描述风景的诗，描写了潇洒园的所有建筑和景物。所谓"图"，也叫画，但严格地说，是图形（drawing）、设计概念以及重要景物的位置和诗意表现混合在一起。东洋的山水画或幽居图中大体上都表现出了空间氛围。但从现代的造园设计观点来看，花木、建筑和景物的规模和位置并不准确。

《潇洒园图》与其说是普通的山水画，不如说是设计图。比较详细地描绘了潇洒园的空间构成和植物、建筑物、景物。潇洒园流传了500余年而没发生变化，也许是因为这篇《潇洒园图》和详细记述风景的诗文吧。木板是用刀刻成的，所以线条表现得很粗犷。因此，木版画是展现粗犷线条美的画作。在《潇洒园图》中，中间是奔腾的溪流，木板的美如实地展现了出来。画中表现了潇洒园中重要的风景要素，松树、紫薇树、杏树、梅花树也区分得一清二

△潇洒园的中心潇洒亭，现在被叫作待凤台，是象征仙界的好例子。

——作者供图，2010

楚。无论是筑台的坛，还是光风阁、霁月堂、鼓岩精舍、负暄堂、潇洒亭等建筑，其形态也能清晰地区分，在详细地描绘真实面貌的同时，也展现了在版画中能感受到的粗犷但有力、淡雅的线条美。这种木板的质感在实际的潇洒园的各种景物上也能那样表现出来。粗犷又朴素的围墙的材料处理、修整的楼梯形态和材料、筑台和方池里都充满了淡雅的韩国美。

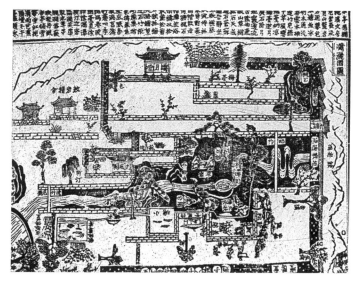

△ "得到你的先园之画，园林的各个面看起来都一样。坛边的梅花红艳艳，水边的柳树绿莹莹。"裴大遇次韵梁来淑于1672年写的关于《潇洒园图》的诗。
——《潇洒园图》，1775

在《潇洒园图》中，溪流居中，从两个方向作画。即从最能切实欣赏潇洒园画中景的角度来表现对象。在潇洒亭所看到的光风阁、雾月堂的景象代表性地表明了隐者的生活面貌。这些风景在潇洒亭里以略微斜视全景的格局展开。另外，在光风阁眺望潇洒亭时，会以梧桐、古松、杏树、桃树为背景抬头望草亭。让我们想一下，从光风阁看到的瀑布和溪流水雾之外的潇洒亭的风景，不正是梁山甫平时梦寐以求的仙境吗？以溪流为中心，跨越仙界和世俗的空间结构非常具有象征意义。潇洒园跨越了仙界和世俗。这一点在园亭空间构成上是非常独特的思路。潇洒园的优点在于，它明确地、视觉地、象征性地表现了概念和现实的空间。

《潇洒园图》特别的是在画的上端原封不动地写着金麟厚的《潇洒园48影》。木板上只有诗题，诗文全部收录在金麟厚的文集里。用一种题画诗，把潇洒园四季的风景通过画和诗生动地描绘出来。只有你亲自到那个地方去想象这幅画和诗中描绘的风景，才能体会到潇洒园的实景。参观过潇洒园的众多文人在当时的诗文中，很好地表现了感受潇洒园美景的瞬间的情感。最详细的表现，还是在河西的《潇洒园48影》[1]。

---

① 潇洒园诗选编纂委员会，《潇洒园诗选》，光明文化社，1995.

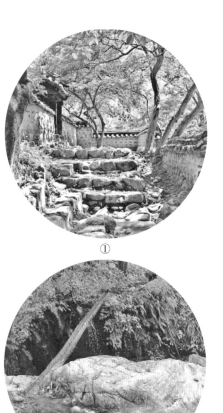

①

②

③

④

△改变内外边界的①围墙 ②丹枫台 ③楼梯飞沟 ④五曲门。在围墙和筑台等细节部分，体现出庭院的端庄、朴素、无心节制的美。

——作者供图

多样化地体验一个风景要素的有效方法是从多个角度观察对象。这是探访海上孤岛的名胜、巨大的瀑布、名山时常用的方式。潇洒园为了使人们能够在狭小的空间里体验多样的园林美，设计了溪流绕园，游客沿着溪流观赏周围风景的路线。而中国园林的园池很大，环顾四周，到处都有可供休息的亭子。在那里可以欣赏到框架式的画中景，能够将对岸的风景尽收眼底。潇洒园中的溪流起到了园中水池的作用。溪流加深了对景的深度，扩大了空间感。从光风阁望去，可以将假山、飞沟以及潇洒亭、水碾、竹林尽收眼底。相反，从潇洒亭望去，光风霁月和瀑布、梅台、桃树、竹林和桥成为全景。在这样狭小的空间里可以体验到多样的风景。把这些风景都当作屏风，听着瀑布的声音，坐在宽阔的岩石上，边喝酒边欣赏对面岩石后传来的玄鹤琴声和民乐，这才是仙界。画家和诗人将这一种风流描绘出了不同的风景。

有很多诗和画是以潇洒园为对象的，我们可以清楚地看到诗中景与画中景在同一风景下是如何不同呈现的。在潇洒亭里环顾四周，潇洒园的风景一览无余。虽然不是一望无际，但在小溪谷里，如画的风景每时每刻都栩栩如生。春天的杜鹃花、夏天的紫薇树、秋天的枫叶、冬天松树的雪景，无论何时看都是一幅画。在那个场所，诗人用诗来

△潇洒园的景象
——作者供图

吟诵那个时刻，但诗意表达却随时穿梭于季节之间。诗人描绘季节景物，使观赏者想象出诗中景。另外，不把空间形象当作实际去观察，而是根据个人情况分别构成不同的形象。

《衬涧紫微》
看这世上的花，怎么都没有能保存十天的香味
溪边地那百日红，何以百日迎着红花呢

《带雪红栀》
很早就开了六瓣花，香气很浓
坛里藏着红果绿叶，是红果绿叶。
晶莹剔透，寒霜轻盈地坐着
—— 选自金麟厚《潇洒园 48 影》

在诗中景中，空间通过句子与句子之间、行与行之间的"间隔"引入画面。在画中也一样，不会像照片一样准确地描绘事物，而是集中描绘重要的视觉对象，并在之间保持距离。通过清空或模糊画面，将观赏者带入想象的世界。从描绘潇洒园部分风景的画中可以看出，比起鸟瞰空间，画家更多的是将部分连接成"间隙和模糊的缝隙"，传

△潇洒园的溪流和飞沟
—— 作者供图，2005

达出整体形象和感觉。这个部分当然是通过画家的眼睛来
选择的。照片与画作或诗歌不同，它的时间、季节和地点
是固定的。在画或诗中使用的"模糊省略和跳过"在照片
中是用不同的方法表现的。模糊一部分对象的焦点或省略
部分对象，有时也会放大部分对象。通过这种手法引发了
观赏者的想象力。

　　很好地体现诗和诗中景是如何变化的例子有梁山甫的
第五代孙子梁敬之的诗。

《刳竹通流自小塘横挂百日红枝注文房阶上》

横悬竹笕紫微枝，

分取泉流滴砚池。

好事罕能臻此境，

从教笔苑创新奇。

　　诗的第一句是呈现画中景的场面。把竹管搭在紫薇树枝旁，这是画家喜欢的构图。但是，把流入竹管的溪流分开送到砚池的构思是把第一句中的画中景转换成了诗中景，即诗人把砚池里的墨水当作是一个有倒影的池塘。对墨客来说，砚池里的墨汁，就是照映世界的镜子。世间万事都能被描绘出来。诗人瞬间发挥诗意想象，把刚才流淌的溪流转换成了砚池滴水的风景。随着毛笔字迹的变化，新的面貌又重新映入苑中，回到现实。

　　这么短的诗中，现实和想象的世界相互交织。诗人的眼睛和心灵，通过眼前的竹管、紫薇树和流水，重新体会到对苑的看法。诗中景和画中景以流水为媒介相互交流。诗词转变为诗中景的关键环节源于"朦胧的跨越"，它作用于竹管中流水从砚池分流下落的场面。画中景是指从横跨在水边紫薇树上的多个竹管之画开始，在砚池墨汁中停留，再回到苑，如此随意识流动的自然重新形成心中之画。就这样，诗中景和画中景从各自的画中转换成新的画。这就是在园亭中体验到的自然美或园亭美。诗中景和画中景是在庭院中体验美的基本前提条件。

潇洒园具备形成诗中景和画中景所需的所有诗和景物。盛夏充满生机的瀑布和无尽的溪流、忽然从梧桐树上飞过的山雀、透心凉的竹子风声、打破寂静气氛的水碓的溅水声、泛起涟漪的池塘里的鱼，还有掉入流水中的花瓣等都是创造诗中景的动态要素。潇洒园就是在视觉上多层堆叠而成的美丽的庭院。

试着想象一下当初一无所有的溪谷。在这里搭柴门、筑围墙、把水草和鱼放入小池塘；种梧桐、筑台观枫、墙上挂诗、搭桥涉水，为去往远山而设侧门。然后种上梅花，在早春的清夜里赏花赏月。白天靠着桃树在光风阁写诗，晚上在霁月堂的杏树之间读书赏月，等待着从竹间过桥而来的贵客。这样清静的隐士的日常生活不会在脑海中浮现出来吗？这种视觉画面的层次被重新添加，使潇洒园从原来的样子更接近于世外桃源。金麟厚的《潇洒园48影》将这种画中景转换成诗中景。访问者逗留在潇洒园期间，能够随时感受和体验时时刻刻的诗中景和画中景。在其中重新诠释"园亭之美"的意义。潇洒园是让韩国人重新思考心中的仙界的美丽的世外桃源。

5. 京都龙安寺

　　龙安寺石庭作为日本代表性的枯山水庭园而闻名世界。波浪起伏的沙滩和 15 个如海中浮岛一样的石堆形成了群岛。1450 年左右建成的龙安寺是作为禅院由细川胜元建立的，而之后的园林是由细川胜元的分支细川腾远建立的。寺庙的南部有一个巨大的镜容池，观光园林环绕在四周。寺庙内部的北部有本堂、佛殿、茶寺藏六庵等。著名的石庭被本堂南边的泥墙环绕。它是一个长约 24 米，宽约 10 米，总面积约 240 平方米的小园林。

　　日本庭园中有受中国影响较深的部分。但与中国不同的是，日本庭园在岩石的布局、植物与景物相关联的形象上赋予了更具象征性和比喻性的意义。

　　中国园林中常见的蕴含诗意的风景很难找到直接的依据，反而日本庭园如绘图般的构造中可以找到各自隐

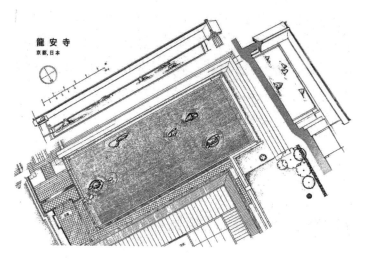

△龙安寺石庭平面图，朝向东南方略微倾斜

——西川孟，《日本的庭园美：龙安寺枯山水的海》，集英社，1989，64页

喻的意义。在韩国园亭中经常出现的方池，在日本的庭园中则很少出现。池塘暂时封住流向自然一隅的水，经历过漫长岁月的苔藓与杜鹃，让人联想起岛屿的小石块，还有历经风霜依然挺立的一棵松树共同构成了整座庭园。日本平安、镰仓时代后，中世纪末期，随着禅宗的兴盛，建造了很多强调抽象性形象的庭园，极度地限制类似于石庭的一切装饰性的景物。从形式来看，这被称为禅院。

禅除了它的宗教意义之外，更强调人生修养中的精神层面素养，所以禅也可以被称为通过冥想而进行的精神层面的修炼。道是在思想层面上，通过禅在自然中静静地获取的最根本的真理。因此不管在什么场所，关注着瞬息万变的自然，从参禅者心中去寻找那个根本。日本的禅僧们在那用石头和沙地去抽象化表达的庭园里的自然中，直接参透了自然的道理。参禅者在禅寺的缘侧，即在方丈中观赏自然，从而思考宇宙的本体。根据日本的禅思想，在日常生活中也可以享受超越且自由的精神世界，因此没有必要为了隐居而脱离尘世，即并不需要为了参禅的场所问题而脱离日常的生活。在这里就出现了"大隐"与"朝隐"的概念。隐逸并不是与出仕相背离的行为，两种行为可以同时出现。①

日本庭园的氛围与背景都是从篱笆外的风景开始的。如何巧妙地设置外部的风景是一个问题。从房间里打开门望着院子，远处的山、几棵劲松、精心打理的朱木沿着石灯的周围慢慢展开。随着季节变化，自然的颜色也在变化，然而日本人认为这种风景与时间变化无关，可以永远地保留下来。日本的庭园中经常出现的景物是作为一种中间的

---

① 朱成玉，禅宗对中国自然观形成的影响，《美学》41，韩国美学学会，
2005，120—123.

△寺院间接而抽象的表现方式吸引了西方的关注。世界范围内传播日本庭园文化的代表性庭园。

—— 作者供图

角色，巧妙地把远处的风景引入室内。为了把山和庭园直接相连成为一体，在形成次景的远景和近景中间需要添加一个中景要素。需要设置像苔藓或是石灯一样的景物，切实地突出远近感，即围墙的状态、石头的放置、灌木的高度，以及园林的形态都必须考虑到要与次景一致。日本的庭园将远处的山、波涛汹涌的大海，以及永恒不变的岩石和古松等日本的代表性自然景观引入（有时会把日本非常有名的风景直接复刻）。因此在"我"与远处的风景中间，设置过渡的中景和近景，使景色向"我"靠近。

枯山水庭园中的沙子、岩石、苔藓、松树等自然景观，比起其本身，它们更作为日本自然的一种代表性特征被人们所铭记。日本庭园中的画中景最先出现在庭园内，这也表现出了想要共享日本代表性自然的强烈意愿。日本庭园将从"日本的山河""日本的自然"中认识到的"我们的院子"引入自然。枯山水庭园中，通过参禅的视觉对象，如泛起汹涌波涛的大海边的沙滩、无数苔藓覆盖着岩石的岛屿，以及屹立着的一棵孤松来表现出所有的事物。在此过程中，自然要素不可避免地进行缩小。

　　日本建造庭园的著作《作庭记》，第一章中称建造庭园的根本是"石头的布局"。微缩自然的时候起重要作用的就是石头。石头，不论大小，都是一种同时具有抽象意义与具体意义的建筑材料。《作庭记》中详细提到了关于微缩的大海、大河、山河、泥沼、苇塘等景物形状的类型，即根据地面和池塘的模样，构想适合各个场所的风情，让人联想到自然风光，他们便认识到这个地方就是有名的场所。原文说："先联想各地的风景名胜，把其中最有趣的风景，根据现场条件重现其大致模样，从而构建庭园。"像这样各种自然形式的再现，最重要的就是"石头的布局"。根据石头摆放的位置不同，从而描绘大海和河川、泥沼和山川的

△日本长野光前寺枯山水园林
——作者供图，1999

形态。①

《作庭记》中记载，如果想要再现大海的话，"首先要重塑石头多的海边形象"。如果想要做到这一点，需要在海浪冲刷过的海边某个地点向外的方向摆放石块，多放置几块尖锐有棱角的大石头和凹凸不平的小石块。为了完成海边风景，还需要一些白沙和珊瑚。这样就可以构建出波涛翻滚的海岸形象。通过几块石头、白沙和珊瑚，把自然进行简化并缩小，从而再现波涛汹涌的大海。用沙滩上的波纹表现出波涛翻滚的大海，有时还能感受到峡谷中汹涌澎湃的江水之势。

岩石和珊瑚让人联想到了悠久的岁月与带有微咸味道的海风。根据石头摆放位置的不同，可以听到波涛声，感受到呼啸声。缩景术在这个过程中从根本上对自然的形态进行省略与简化，从而产生了空间的抽象意义。在此，缩景方法有两种，一种是与实际相比把自然要素"缩小"的方法，另一种是省略自然要素的"简化"的方法。选择与实际形状相似的小石头便是缩小法的一种体现。四周被杜鹃和矮墙围绕，限制使用华丽的花树便是简化法。枯山水庭园就是使用了这两种方法。龙安寺仅用石头与沙子便可以重现自然，石庭便是日本枯山水庭园最好的体现。其形

① 橘俊纲，金承仑译，《作庭记》，燕岩书家，2012，150.

△观赏者会暂时站在禅僧的立场上来看待事物
—— 作者供图

态的抽象性与对缩景术的完美运用，使其在世界范围内早已成为日本庭园的象征。

因为龙安寺石庭在方丈庭园前面，来访者只需过檐廊，石庭的全貌就瞬间映入眼帘。寺庙的入口到里面没有纵深，石庭总是那么突然地显出姿容。游客有站着的，也可以坐着。在熙熙攘攘的人潮面前，空间笼罩在寂寞的氛围中。在白沙地上，只有 15 块石头，分成 5 处，仿佛可以触及后面的土墙。

经过多年岁月洗刷的橘黄色土墙和粗糙的灰墙更给庭

园增添了一种古色古香的氛围。白沙形成的波浪形状的纹样和石堆吸引了人们的视线。岩石的布局十分奇妙，让人惊讶的是很难想象出它是没有利用任何技巧进行摆放的。选择适合禅院的石头形状，摆放得十分简洁匀称。石头的布局、苔藓、波浪起伏的沙地使这个庭园整体给人留下了抽象和象征性的印象。

自古以来，日本庭园中一定会有池塘，因此，在书院里建造庭园时，要在正面建造一个12米左右的沙地，并在南部建造池塘。但是曾经由于战乱频繁，村子都被夷为了平地，各寺院也无暇顾及建造池塘。因此出现了没有必要建造前边的沙地这种说法。在沙地上摆放石头，这种所谓的枯山水构想，其实是为了减少树木和多数岩石的使用，从当时的情况来看，这是一种为了节约施工费用的经济手段。即使如此，石庭也能融入龙安寺的整体氛围中。

形态的独创性与卓越的象征性使得龙安寺的石庭备受关注。从石庭上波浪起伏的白沙地和15块石头上就能看到"云海上的山峰，海面上的岛屿"，即石庭中至少可以想象出两个以上的抽象且象征性的情景。石庭使游客的感受转为"观望中的思考"。虽然很单纯，但是人们却想要在那里寻找些什么。有些人想要在那里寻找善意的感动，又有些人会认为这是一幅抽象画。月光下一片空无，夕阳西下的

△用岩石和沙地抽象地表现日本岛屿和大海的石庭。平静、坐静和冥想的气氛流泻在整个风景中。

—— 作者供图

余光中，石庭显得异常美丽。在暖黄色的余光中动静结合，恰到好处。

在禅院中描绘诗中景，这本身就是一种矛盾。在禅院静谧的氛围中坐定，通过冥想来感受获得灵感。这时石庭就起到了桥梁通道的作用。在月光下坐禅的僧侣，在那里只留下了一片寂静。能打破这份寂静的只有竹筒里的流水声与木鱼声。在这样的场合下，只有鸟叫声与风声能唤起诗意的灵感。日本庭园中的诗中景，通常是通过画中景来实现的。在诗中景中，与其用字里行间的跳动来诱发诗意的想象，不如在观照的状态下通过偶尔回到现实的"自然的变化"来诱发诗意的想象。轻轻落在岩石苔藓上的枫叶，在静静流淌的溪水中飘落的桃花瓣等，静中有动的风景要素构成了庭园的诗中景。在介绍日本庭园的纪录片中没有背景音乐，相反，只能听到持续不断的蟋蟀声与水声。

日本的庭园比起表现自然之美，更强调看待自然之美的精神面貌与态度。从日本的地理环境来看，随时可能会被地震与海啸侵袭。所以在日本人的脑海中，大海的形象永远是时刻变化着的。在园林中简略地引入并描绘大海的风景是理所当然的。对于日本人来说，自然是一个需要保持距离的存在。庭园中的两种风景，最终被认为是在房间里按照框架所构建的。

日本的"留白之美"作为一种空间的基本处理方式，在庭园、壁画、插花等各种设计中对于空间的处理都有所体现。留白指的是对象与背景的关系。在表现自然的时候，线条是一种重要的因素，因此日本也非常注重线条的美。这与韩国和中国在画中景中，在画与画之间设置一些"间隔或灰色地带"的方式有所不同。

　　枯山水庭园其抽象且简洁的形象，在日本随处可见类似的庭园。但也正因为如此，庭园的形态千篇一律，园内植物的选择也受到限制。这使得渴望风格创新的庭园爱好者多少感到些腻烦。因此，世界著名的环境雕塑家野口勇表示："日本庭园是时候要摆脱对于过去风格的模仿，从而进行新的尝试了。"现在是时候去寻找符合现代建筑风格的庭园形式了。也就是说，应该把在室内只用眼睛去感受平面之美的追求转变为对空间立体美的追求。他作为一位环境雕塑家，因此会特别强调空间的立体构成，但是从另一方面也说明，日本庭园除了强调画中景之外，其他的美还停留在对于平面形象的构建上。

　　现如今，东亚园林正在面临着摆脱原本追求平稳、新鲜、观赏的传统价值观，从而建立沟通、庆典、幻想等新价值观的挑战。如果追求的目标发生改变，人类的创造性思维方式也会随之变化。不沿用传统的形式，去寻找新的园林模式，这不仅是中国、韩国、日本所面临的问题，也是整个造景文化中需要共同解决的课题。

4

第四章 主题与幻想庭院

1. 主题园与世博会

　　博览会中总是有很多值得一看的事物。和只要去就可以进，只有围观的人聚在一起才热闹的集市不同，博览会需要缴费才能进入。但即使如此，只要一进到里面，还是觉得非常热闹。有些人是为了去寻找些什么，有些人是为了欣赏些什么，有些人是为了了解些什么，还有些人是想要教导孩子些什么。不论是以什么形式，大家都在反复寻找某种东西。博览会，顾名思义，它是让人们能够了解到更多事物的一个场所。具体来说，博览会是指为了介绍一个国家或地区的文化或工业发展现状而陈列展示各种相关物品或商品的地方，英语叫作 exhibition 或者 exposition，简称为 EXPO。

　　随着欧洲资本主义的发展，为了振兴工商业，最早的现代博览会在 1851 年伦敦万国工业博览会上正式亮相。

1889 年巴黎万国博览会时，就建设了著名的埃菲尔铁塔。

如今，我们可以在澳大利亚的悉尼观赏中国园林；在德国园林博览会中欣赏韩国园亭；在美国的公园中轻易地接触日本庭园；在日本的园林博览会中了解到意大利的葡萄庄园；在中国的园林博览会中感受到现代法国园林的发展方向。如此，现代的博览会强调商业目的的同时，更加注重各国的"文化交流与理解"。不仅是园林，在工业、商品、活动等方面也在进行国际间文化的交流，这已成为一种总趋势。如今，在国际上各国之间的交流与理解已成为极其重要的热点。比起在博览会上只观赏新奇的异国风情物品来说，了解各国之间的文化和人文特点更具有意义。

19 世纪以来，为了举办博览会，各国间也进行了激烈的竞争。直到 1928 年，制定《国际展览会条约》，在巴黎设立秘书处。

第二次世界大战之后举行的博览会，以 1958 年比利时的布鲁塞尔世界博览会为起点，陆续有西雅图 21 世纪博览会、纽约世界博览会、蒙特利尔世界博览会、大阪世界博览会、斯波坎世界博览会、冲绳世界海洋博览会、费城博览会、诺克斯维尔世界博览会等，博览会的规模和性质逐渐多样化。目前全世界已举办过约 100 种类型的 6000 多场博览会。

△顺天湾，国际园艺博览会
——作者供图，2013

随着社会越来越多样化，人们对生活的关注越来越高，博览会的内容也越来越丰富多样。内容方面，过去综合博览会较多，但是最近的展览品目非常细化，在同一个品目下，也呈现出按功能分类的专业化趋势。最近在韩国也陆续出现了许多非常有趣的博览会，如安保、教育、企业研修、包装、时尚、宝石、面包、核辐射、酒店餐厅、美容、餐饮行业、园艺、花园博览会等，可以通过这些博览会来把握韩国社会的变化。不仅如此，还出现了就业、体验学习、结婚、创业博览会等新型博览会，甚至还出现了归农、归乡的博览会。博览会上的主题总是人们对于未来的关注与殷切希望，人们在这里对未来充满幻想与期待，拓宽了对世界的认知。从 1933 年在美国举办的芝加哥世界博览会起，每一届国际博览会都会设定一个"主题"。

世界各国展示其各自特色的园艺博览会已有很长的历史。从 1862 年在英国伦敦举行"春季花卉展"（Great Spring Show）（现名为"切尔西花展"）后，园艺博览会持续了 150 多年。园艺博览会最初以英国为中心，在法国与德国也备受关注，并逐渐扩散至美国和亚洲地区。具有代表性的是英国在短期内举行的"切尔西花展"Chelsea Flower Show，德国两年举办一次的联邦园艺博览会（BUGA）和 10 年举办一次的国际花园博览会

△德国 suberin BUGA 主题园
—— 作者供图，2013

（IGA）。1992 年开始举办的"肖蒙城堡国际花园艺术节"（International Garden Festival of Chaumont sur Loire）是法国引以为豪的园艺博览会。曾因管理保护不善而荒废的"肖蒙城堡"在引入了园艺展示后获得新生，成为世界级的园艺庆典场地。

另外，荷兰也举行了与德国国际花园博览会类似的"荷兰国际园艺博览会"（Floriade）。荷兰与德国一样，10 年举办一次的园艺博览会通常需要 5 年时间进行准备，荷兰以园艺博览会为契机，在城市内或城市周边建设了新的公园和绿地。floriade 起源于拉丁语"floriat"，意思是用花朵来装饰 (design with flowers)。

澳大利亚的堪培拉每年也会举行同样名为"Floriade"的鲜花庆典。"Floriade"鲜花庆典在堪培拉的伯利·格里芬湖（Lake Burley Griffin）湖畔的联邦公园（Commonwealth Park）里举办，每年展示超过 100 万朵的郁金香、百合、风信子、菊花等。

对于喜欢园林的英国人来说，花展是每年都会举行的例行活动。英国皇家园艺学会（RHS）每年 4、5 月份在公园内设置临时展览的场所，举办短短为期 5 天的"切西尔花展"。从 1913 年起，切尔西地区的皇家医院就被设定为固定的园林展示场所，一直持续至今。每年有来自全世界的约 17 万名旅客前来观赏花展。切尔西花展最大的看点就是把园林缩小后制作出来的模型园林。通过对 8 × 18 米大小的模型园林从整体协调、设计与建筑、植物、装饰这 4 个部分进行评价，分别授予金、银、铜奖。由于蜂拥而至的旅客给这一活动带来了不便，所以在 1988 年后开始限制参观的人数。虽然每年举行活动时准备和拆除的费用很高，但是它也能够为国家相关产业以及旅游产业带来可观的效益。

亚洲最早举办的园艺博览会是 1990 年日本大阪国际园艺 / 花卉博览会，随后中国大陆、中国台湾、泰国等地区也相继举办。

△切尔西花展
—— 英国 / 作者供图，2004

在韩国举办的首届国际园艺博览会是 2013 年的顺天湾国际园艺博览会，国际花卉博览会于 2002 年也曾在安眠岛举行。随着全世界范围内休闲娱乐需求的增长及旅游人数的增加，园林博览会也被各国认为是重要的战略性产业振兴手段。

园艺博览会在各国传统文化的框架内直接或间接地反映其文化的内容与主题的意义。博览会上基本包含着这个国家目前的热点话题、内涵、沟通、技术与素材，有时甚至是理念的问题。如果是思维敏锐的旅客就可以通过博览会来了解这个国家的社会文化现象。艺术家或设计师能够通过博览会来体验人与自然相互沟通的美学意识，并积累新的美学经验。

从园林的类型来看，有各种主题园林，例如蝴蝶园（butterfly garden）、草药园（herb garden）、圣经院（bible garden）、月光园（moon garden）、蔬菜园（vegetable garden）、戴安娜王妃的儿童园（Prince Diana's children garden）、莫奈的绘画园（Monet garden）、鸢尾园（Iris garden）、雕塑园（sculpture garden）等。主题园林是具有特定的主题并蕴含其内容的一种园林，主题种类之多、形式之丰富、再现方式之独特都是其特征。

但是博览会出现单一主题园的概率较低，大部分都是使用更加抽象化和价值指向的单词为主题。2013 年顺天湾国际园艺博览会上，以幸福、相生、新村、人生旅行、环境、可回收等作为主题进行展示，在此之前的 2003—2005 年英国切尔西花展上所表达的主题则是对社会问题的关注。这些主题直接表现出英国当时面临的社会问题，例如，有机农、气候变化、皮肤癌、流浪者、救世军、希望、食物等。第二年从唤起历史问题的角度出发，出现了米兰传说、植物猎人等主题。这种方式一直延续，在此之后，也曾出现对现代英国社会问题认知的主题，如和平、栖息地、环保、再生等。这也从侧面证明了，园艺博览会不仅仅是单纯的花展，它还被认为是直接唤起民众对社会问题的关注的一种强有力的文化手段。因此，用一句话概括，园林就是反映社会的一面镜子。

现代社会中，人们通常无法获得并享受丰富又具有试验性质的空间，但主题园可以代替并满足这一需求。因此，如果仔细观察就会发现并了解造园者对自然的基本态度，甚至是孕育在这种文化中的自然观以及面临的社会意识。因为是一场展示会，所以人们会毫不犹豫地尝试新的创新性的想法。另外，由于大部分的社会阶层都会参加，因此也可以同时了解到大家的想法。所以对于追求创意性价值的设计师来说，博览会是一个非常重要的学习

△《世世代代——首尔工匠园林》，首尔园林博览会。该摄影作品为作者本人作品，被选为2015 "首尔园林博览会园林设计邀请作家征集展"优秀作品。
—— 首尔匠人公园，2015 / 作者供图

场所。

博览会由于是在一定时间内开展的活动，所以与普通的园林不同，它的环境构建具有临时性、暂时性的优势，同时也受此特点的制约。展览期间通常是一年中气候较好的时期，因此展示的花木种类也比较丰富。最近在韩国展出的主题园林从对于个人所关心的幸福、希望、安全、家人、游戏等平凡而日常的主题延伸到了轮回、自然观的碰撞、放下等具有诗意的主题，内容变得越来越丰富。

主题园林从性质上来说，是使用简单的构造突显主题，因此与那些扎根于大地，需要适应环境的真实园林有所不同，进而认知了解的方式也不同。即使如此，它也可以展现出人们所期待的关注点和目标。主题园林构建的方式与环境条件无关，因此其特点是片面的样式和模式组合在一起的空间形式。在那种地方也很难去思考借景、对景、游园等概念。对园林的解说也很长，园林大部分采用的是抽象性的表现手法，而不是单纯的对设计的具体内容的阐释。由此看来，现在韩国的主题园林对画中景有更强烈的关注。

另外，展示的园林作为一种模型园林，主要强调的是园林的一个方面。这里只有隔板，没有像实际一样的围墙和围栏限制园林的形式，周围也没有开阔的空间、景观和环境等制约因素。在主题园限制自然的方式中，通过物理手段构建篱笆形成一个边界线，构建更直接的封闭型模型园林，这是最引人注目的一点。在这里不论是什么自然景观都没有区别，观赏者只会认为这是"被禁锢的自然"。这种类型的园林是非常常见的。边界线通常是由花木、围墙、篱笆、玻璃墙、玻璃瓶和拼接相片组成的。他们具有分割空间并重新定义其意义的作用。

在主题园林中的边界线，不论何时都需要人这一动态要素的介入。如果没有人的活动，被禁锢的自然就会变得空虚，也会丧失其意义。在封闭的空间中会激起孩子们的好奇心，如果能满足这一点，就能创造出很多乐趣，即使是成人也会陷入游戏的本能。主题园由于是模型园林，因此空间受到限制，相对来说无法身临其境地体验现实。模型园林的空间构成只能是平面的，因为它只是为了展示某一个方面而已，并且由于它只在一定时间内进行展览，所以很难体验到随着季节变换带来的自然变化。

这一点与看电影比较相似。电影画面中生动地再现立体的现实生活，在电影中感受现实、体验空间、感受自然之美。但是在主题园林中却受到限制，需要通过其他方式去刺激审美意识。因此在主题园的模型园林中，需要插入各种背景以加强整体形象。在主题园林中通常使用的媒介是照片和画。如果使用照片或者画的话，可以随心所欲地选择季节，也可以把想要的场所原封不动地照搬过来。正是如此，人们可以根据自己的想法进行装饰。所以主题园的背景具有一种幻想性特征，在那里只有依靠"记忆与回忆"才能刺激对于自然的审美意识。那里最终是一个展示想法的地方，因此自然价值必然会遭到挑战。在这里体验的审美意识也会成为世代相传的宝贵财富。

在园艺博览会上，各国对于博览会的基本主题——"与自然的关系"，具体来说就是"自然美"——有着十分鲜明的认知。通过园林，各国对自然的文化解释越来越丰富和特别。人们可以从花瓶的设计中了解到那个国家的特色，看到异国的花草树木的同时也拓宽了自己的知识面。从园林主题的展示方式中，可以了解到该国的文化取向，逐渐开始关注该国的文化、宗教、政治、社会。通过那小小的园林和花朵可以萌生出想要去那里观赏的想法。

随着产业的持续发展，与自然沟通的需求增加，人类对于自然的产业化需求也越来越多。随着虚拟空间里各种休闲活动的增加，虚拟与现实空间的界限也越来越模糊。对自然的新见解和认识进化到了这种程度，随之商品化、产业化是不可避免的现代社会变化的一种趋势。通过以自

①

②

③

△图①：肖蒙国际园林展；图②：蒙特利尔园艺博
览会；图③：厦门国际园林博览会（下）

——作者供图

然为主题的博览会，对人类"本性"的理解范围进一步扩大，这一过程对于个人来说也是有意义的。这样的博览会也一定会持续并扩大下去，因为人与自然的关系是人类历史上最基本的关注焦点，今后也会一直如此。

2. 三个国家的主题园故事

　　东亚的中、日、韩三国在不同时期都举办了国际园林博览会。以日本大阪国际园艺／花卉博览会为起点，到中国昆明、厦门、北京等地及 2013 年韩国举办的顺天湾国际园艺博览会为止，三个国家都加入了世界园艺文化庆典的行列。"庭院"在中国被称为园林，在韩国被称为园亭或林泉，在日本被称为庭园。各个国家之所以用不同的名称称呼相似的地方，是因为不同国家的社会、文化以及环境条件的不同。

　　中国的园林规模很大，其中蕴含着中国的自然，因此森林是基础。如果去当地的名园看看，就能感受到其中的意义。在韩国的文献中，"林泉"这一词汇出现的最为频繁。"园亭"这一单词则是把园与亭子作为空间的重要组成部分。在韩国，亭子是具有非常重要的功能作用的，因此园亭也是非常准确的表达。日本所说的庭园是只以他们个人的院子为主的空间，这也可以说是日本居住环境的一种准确表达。名称是代指的空间，随着时代的变化，空间的内容和形式也会随之变化，因此名称所指的对象也不可避免地发生变化。所以可以预测在某个时期会出现相似的名称，也会通过各种途径转换为新的名称。

三个国家对于园林的命名各有特点，主题园的主题和形式的开展方式也各不相同。中国的主题园在很多地方举办过。因为中国国土辽阔，各个地区的文化丰富多样，因此园林文化的展现方式和内容也各不相同。中国主题园中的园林文化可以比喻为中国的饮食文化。中国的饮食，各个地区有各个地区的特色，通过各种食材混合制作出各种美食。园林博览会也是如此，到了园林博览会后可以感受到每个地区想要展示的各种不同的传统文化，既通过地方的固有形式展示园林，也可以看出各个不同时代王朝的园林文化的差异。

园林中使用的材料与结构样式也颇具实验性。在历史文化悠久的中国，园林文化的素材是以汉字文化为基础的。相反，即使是同属一个汉字文化圈内的韩国或日本，强调汉字的展览也是相对较少的。中国汉字文化这一展示的主题，具体来说是在讲述文字的历史，有些也是以文学作品

①

△ 顺天湾国际园艺博览会：①韩国 ②日本 ③中国

—— 作者供图

②

③

为背景进行展示的。只有了解了中国的汉字文化，才能够真正理解其意义。正因为这一点，需要用空间语言对话的主题园在与世界沟通对话的阶段受到限制。

即使文化内涵再怎么丰富，也要不断地推动其转换为可以与国际沟通的象征体系，如此才可以使资源得到充分利用。汉字因为字体的本身就富有一定含义，所以很容易转换为某种象征。但是对于不认识汉字的其他国家的人们来说，那也只是单纯的象征符号罢了。在昆明博览会上，展示了一座以"唐园"为名的唐代园林。在墙壁上写着唐代著名诗人王维的文章，但是中国的游客几乎看都不看一眼直接略过。这到底是文字的问题还是诗的展示方式的问题，我们无法得知。但是这种展示方式不仅对于中国大众，对于世界其他各国来说也是极难沟通的。

像中国的饮食一样，中国的园林展览用一句话来说就是，强调"个性强烈"与"包容性"的设计较多。在借景上，不论是大胆地引入照片，还是使文字造型化，再到大胆地进入西欧风格，通过使用华丽且色彩强烈的壁画、异国风情的植物材料、几何图形，体现了中国文化的开放性和包容性。但从整体来看，中国的园林在当前的社会、政治、文化现状下更多地选择了以历史事件和历史人物为中心的结构。而且园林没有摆脱以中国为世界中心的传统思

△厦门国际园林博览会

——中国，2007 / 作者供图

维，这对沟通也造成了障碍。不过现况下这也许是理所当然的事。

1990年，在日本开展的大阪国际园艺/花卉博览会为各国建立了国际园，这方便了游客观赏多个国家的园林。从主题展开的观点来看，当时欧洲国家的园林多为实验性的，而亚洲国家的园林则更侧重于介绍本国传统的园林。中国和韩国可能相对来说准备博览会的时间较短，展示的内容和形式还是沿袭了本国过去的形式。博览会也是具有流行趋势的，一旦被固定在某个时间点，那就会成为旧东西。园林的设计之所以这么困难，就是因为它必须要克服这一限制。

当时在国际园中最受瞩目的是意大利园林，但这个园林在意大利是看不到的。从当时的情况来看，它表现出了实验性和现代感。当时的英国与法国园林直接沿袭了本国传统的园林形式。后来，法国的园林在中国、韩国、日本都有展出，所以是一个很好的机会来比较法国庭院发展过程中的不同。在日本展出的法国园林，在宽敞的院子里设置的方格建筑物上也使用了玫瑰，从而呈现出了非常古典的形态。在中国昆明展览的法国园林中，在几何学的平面中呈现出后现代主义倾向。形态要素解体，从而更突出强调了部分。刺绣花坛（parterre）作为法国古典园林中的基本要素被拆分，只保留了其中一部分，反而引进了能感受到野性的新的栽植模式。但是这种态度在顺天湾国际园艺博览会中又被极度抽象的形态所改变，甚至让人很难去分辨它是公园还是园林。游客如果不仔细观察的话很难发现这其实是法国的园林。这种现象的形成原因可能是这种园林并不只是按照建造者的想法建造的，展览空间的规模、设施的投资费、客户的要求等这些无形的因素也在起着作用。

在那之后，最近在东京举办的鲜花博览会，从规模到

△意大利园林，日本鲜花博览会
——作者供图，2001

内容等方面，都有像花卉展的方向发展的倾向。高阳国际鲜花博览会也是如此。因为园林博览会所需要的场地规模较大，需要投入的预算较高，所以目前的趋势是举办简单轻松的花卉展。从展览的主题来看，园林主题的选定与空间展示的专业技术也是非常重要的，与大众性的花卉展相比，很难维持和管理其达到一定水平。由于展览结束后也需要持续维持和管理，所以它有朝着简单轻松的花卉展方向发展的倾向。但是园艺博览会作为一种艺术活动，是衡量该国文化水平和尺度的一种产物。这最终还是属于当地，是该国新的文化遗产。

韩国世界级水平的博览会开始得较晚，起点是顺天湾国际园艺博览会。虽然名字说是园艺，但内容比较丰富多样，展示的方式也相对来说比较现代化。展示的方式划分为，参与园林、国际园、主题园林。考虑到市民的参与这一点，从而进行了新的尝试。虽然形式比较多种多样，但是内容方面相对来说没有什么新的尝试，规模也没有中国或日本的大，更强调了国内的视角而忽略了对国际的关注。虽然相对其他国家来说起步较晚，但也可以说博览会的进程与节目的运营是比较成功的。

展示的内容分为传统风格与西洋风格。传统风格的园林主要集中于炉灶园林、竹子园林，而欧式园林主要展出的是以"漂流""人生旅行"等名字命名的英国园林和德国特拉菲园林。博览会中的模范园林通常是要体现作者对主办国家的社会、环境等问题的一些想法，但遗憾的是在顺天湾国际园艺博览会中并没有出现相关的作品。最为遗憾的一点就是没能与大众产生讽刺、诙谐、告发等意识的共鸣。

从主题园就可以看出，韩国园亭正在样式上进行多种尝试。从对自然的全新的自我关注到对西方实验性质的样式的学习，韩国园亭呈现出多种多样的形态。当然，也不会放弃传统园亭的基本设计要素，这些不论何时都会存在于韩国园亭中。亭子、窗户、竹子、儿童玩具、石塔、石头老人等就像是庭院中富有年代感的杂货店。杂货店里随意散落着各种各样的东西，到处转转的话就可以找到自己想要的东西，非常有趣。就像是寻宝游戏一样，如果东西都整理收纳好的话，就没有寻找的乐趣了，东西只有杂乱无章地乱放着才能体会到努力寻找的乐趣。韩国园亭中的自然美就与这类似，在那里可以随意地对自己的想法进行尝试。它是思想与想法的杂货店。由于产业的快速发展、人们休闲时间的增加，个人主义不断发展，这对园亭的造型设计感也产生了一定影响。这个方向可能要过一段时间才能进行判断。

△法国园林的风格变化：1. 大阪，1990；2. 昆明园林博览会，2007；3. 顺天湾国际园艺博览会
——作者供图，2013

现代中国的园林文化呈现出对于传统的延续和对西方风格的吸收这两种极端的倾向。在中国文化中，对于历史人物的个人崇拜是不可或缺的造型要素。但是从现代的视角和想法出发，将文化资源在空间中表现的过程，仍处于实验和模仿西方的阶段。这在传统古典园林中是绝对看不到的一种尝试。在新的公园、主题又或者是国际活动中，贴上"国际性"这一标签的话，那就是自然而然地在进行一种尝试。在现代社会中反映出传统中国人文化价值的园林文化，现在来说还为时尚早。但是中国人对于周边以及国外文化产物的吸收能力和速度非常快。看他们如何把西方的园林文化吸收转化为自己的文化，也是一件非常有趣的事情。

东亚三国，最先走在西方化道路上的是日本。日本园林传入西方以后，为了宣扬日本的文化与精神，日本庭院以其融合风格在外国，特别是在公园里被广泛运用。拱桥、一柱门、农家建筑，还有一些是以寺刹的形式混合着日本园林的概念来进行展示的。

在巴黎近郊的齐贝尼有一座园林，它是法国印象派画家莫奈根据自己的画作建造出的一座园林。他在那里种了许多睡莲，也经常在那里画睡莲。莲花池中有一座绿色的拱桥，日本游客过桥时异口同声地惊讶道"啊，好像日本的桥啊"。但是这与日本没有一点联系。通过看到一小部分就可以联想到整个日本园林，这就是日本人的混合思维。日本园林的现代化任务中应该从造型意识的自由构思中寻找。一方面紧跟西方快速发展的脚步，另一方面日本至今还在园林中保留着传统文化的认同感。时代在不断变化，人在不断地改变，文化认同感也在不断地改变。

主题园在全世界范围内每年都会在某地举办。随着岁月的变迁与社会的变化，主题园的形式和内容也在发生改变。主题园最根本的主题是自然，但是以被禁锢的自然为对象，并不是单纯地欣赏美，而是通过模仿、讽刺、幽默等方式，对社会与人类间的关系提出批判性的问题。这种态度使人们对未来的环境或空间，到技术的变化产生浓厚的兴趣，进而使人们更专注于幻想，并寻找完成其的可能性。幻想的世界是想象中的世界，在现实中无法实现的欲望，可以通过想象实现。人类对于梦幻的想象世界的艺术尝试已经不知不觉地广泛普及并深入了。

从自然这一概念形成的过程来看，通常有如下解释：了解个别自然，即花、竹子、蝴蝶、雾等，在了解它们每一个形态和特征的过程中，随着对它们的了解的积累和综合，最终形成了"自然"这一抽象的概念。

但是年轻人在虚拟现实中首先接触的是自然，所以与

△法国布洛涅阿尔韦尔汗穆杰埃扎尔丹（Albert Kahn Musée et Jardins）
——作者供图，2011

这一过程正好相反。通过对自然的抽象化与想象，从而在现实生活中直接体验并了解个别的自然要素。对于他们来说，自然现象成为概念上的抽象化和一般化的图形。

如果想要让他们感受到个别自然的美，就需要其他连接的纽带，即从幻想世界到现实世界的这一旅行中所需要的运输手段。这一连接纽带中，"讲故事"（storytelling）也许是最简单的手段。但是在真实的主题园中，由于受到空间、时间和主题展示的物理性制约，寻找这一连接纽带并不容易。在主题园展览中最让人苦恼的一点就是很难满足这一需求。最近不论是儿童还是成人，都已经熟悉了幻想世界，用抽象化自然的概念来武装自己。因此，结合具体的自然要素，寻找能够满足连接幻想世界这一需求的手段，是主题园面临的问题。换句话来说，从熟悉的幻想世界中的自然回归到现实生活中的自然，在这一时间点为了让大家能够以特定的思维去欣赏眼前的自然景色，需要一个"连接纽带"。

在融合了儒家思想以及佛教、道教的宗教思想的东亚，幻想的世界是梦幻的。神仙们住的桃源仙境、唤起人们童心的童话世界，还有梦中的梦想世界都是如此。韩国人的幻想世界中无一例外都出现了童话要素。因此即使在主题园中，也一定会展示童年时的摇篮曲等童话内容。东亚把神仙居住的仙界当作对于理想国具体形态的认知，因此东亚三国园林中也包含了仙界的形象。在这三个国家中，韩国对于神仙思想最为热爱。不论是在梦境中还是现实中，所有的想象都与神仙有关。神仙生活的地方与我们居住的现实中间是通过狭小的洞窟或者梦进行连接的。梦醒是现实，梦境中便是理想国。在画中，为了到达理想国，需要走很远的路。在中国人的想象中，世外桃源是需要艰难地经过一个洞窟才可到达的地方，那里居住着像神仙般善良的人们。

西方的历史就像基督教的斗争一样，他们的幻想世界以人类为中心，充斥着战争、怪异、破坏、恐怖，但是其结局总是以人类温暖的理解和爱来结束。在此，自然总被认为是人类普遍的、象征性的故乡，带有幸福、平安、富裕和归乡的意义。

被赶出伊甸园的亚当与夏娃要回去的地方正是作为乐园的园林。因此，对于西方人来说，园林不论是在现实中还是在幻想中，永远都是一个休息的场所，是母亲的怀抱。

幻想的世界如果结束的话，那就只是虚无的空想了。故事的开展要来往于现实与虚拟世界之间才会有趣。假想世界与现实的连接纽带，无一例外都被设定为具体的形态。在著名的小说《指环王》中，故事的所有连接纽带都是戒

△图①全罗南道咸平，蝴蝶大庆典；图② Mark Harrison，梦幻乐园

——作者供图

指。在电影《雷神2：黑暗世界》中，电话是连接纽带。如果没有它，就无法往返于假想世界与现实之间。这种连接纽带有时是蝴蝶、浓雾又或者是黑暗的森林，以此为媒介穿梭于想象与现实之中。那么在主题园中连接想象与现实的纽带又是什么呢？虚拟自然是具有创造性的。如果它与现实中的自然并存，那么在人的意识中两者的界限就会模糊崩溃，即因为幻想，人类意识中划分自然的界限将被打破。最终，划分世界的界限被打破，进而阻挡现实的某种界限也被打破。作为治愈人类痛苦的一种方式，幻想拥有无限的力量。

幻想的世界与主题园的模型园林有很多共同点。从主题来看，对于几乎不可能实现的事，两者都能够大胆地进行尝试。在展开主题的时候也不受场所与环境限制，这一点也是相同的。另外，大自然的设定也像是广告模特一样，让人的欲望和愿望代为满足。熟悉游戏的人群大部分是在虚拟现实中体验外部的世界，而不是通过现实的世界去认知，因此他们更熟悉幻想的世界。这一代人希望熟悉游戏主人公的形象，并且故事能够真实地展开。在他们身上能够找到园林今后的发展方向。

以社会问题为主题来装扮园林也是一件非常有趣的现象。园林是以自然为主要对象的一种再现艺术。在这一过程中，不仅仅是单纯的反复和复制，它也反映了对自然的想法变化。主题的变化说明了社会意识的变化，也意味着对于自然这一美学对象的认识变化。换句话来说，主题变化的中心首先是为了应对社会问题，并且反映了对于未来的希望与期待。在这里出现了幻想的世界，通过刻画社会问题的方式，采用了恶搞、幽默、讽刺等表现手法。当然，主题通常大部分都是生态、可回收、历史、战争、宇宙、灾难等，这种形式的主题园林叫作"反差园林"（contrary garden）。把主题反过来说，也就是反向地来表现主题，更强调内涵。

3. 寻找幻想园林的未来

    2000 年加拿大魁北克举行的园艺博览会上，尝试了一种十分有趣的新的园林形式。以"蓝棍花园"而闻名的园林使用塑料棍棒代替花卉来装饰。在红色棍子的背面涂抹上蓝色，观赏的视角不同，显现的颜色也不同。当时的批评家对此说，与其说是"园林"，不如说是"装置艺术"或"数字复制"。但是园林作者抗议道："这与传统园林的内容和形式没有任何区别。"只不过园林形象的创造从过去的印象派表现方式转变为了电子打印的方式。这就告诉我们，现在我们的认识正在慢慢地发生变化，原本将自然看作消极的鉴赏对象的认识正在转换为视其为积极的、富有创造性变化的对象的认识。

    正如艺术和社会的变化产生直接和间接的关联一样，园林文化也深受艺术发展趋势的影响。绘画是对园林艺术

△ "杂交植物"

—— Lesley Johnstone(ed.), HYBRIDS：Reshaping the contemporary Gardens in Métis, blueinprint, Vancouver, BC, Canada, 2007, p.34.

产生直接影响的艺术体裁。正如东亚三国的园林文化植根于东洋山水画传统一样，园林文化受到文学、美术、电影、摄影等造型艺术的直接影响，这也是不可避免的。20世纪以来，电影和摄影以及雕塑深刻地影响着园林艺术。传统的园林里，人的要素常以诗歌和绘画为媒介来寻找它的意义。但是现代摄影和电影以不同的方式介入园林。园林是在人的视角上被禁锢的自然的一种形式，是自然这一要素支配的空间形态。照片将人的形象原原本本地插入园林中。

所以，被禁锢的自然中，人的要素得到如实展现。不是游客而是作为主人公，以人的形象登场。自然与人的关系这一园林的根本主题更加鲜明地得到认知。最终与过去相比，

△加拿大蒙特利尔杂交花园（Hybrid Garden）
—— Lesley Johnstone(ed.), HYBRIDS：Reshaping the contemporary Gardens in Métis, blueinprint, Vancouver, BC, Canada, 2007, p.29

进行了更加强有力的说明。

　　20 世纪以来，在造型艺术领域，思维或空间的传统形式出现了解体和重构的样式变化。后现代主义、极简主义、折中主义开始试图成为现有艺术样式的替代方案。这样的思潮尤其在建筑和美术领域里流行了很长一段时间。艺术的表现形式具有从既有的旧形态向新形态转换的属性。在传统的艺术思潮和样式里，删掉部分进行重新组合是再寻常不过的事情。这与现代社会的价值体系十分吻合。从某种角度来说，摆脱规定框架和样式的作用，从规范性框架中脱离，试图通过新法则的整合带给现代人具有魅力的新样式是自然而然的发展趋势。不论在哪个时代，这种尝试都是造型艺术家追求的共同态度。艺术样式生命力的长久取决于受大众的欢迎度，园林文化也不例外。

　　折中主义，简单来说就是融合混搭风格。现代社会从整体范围来讲，说是融合的世界也毫不过分，文化、艺术、社会、科学等生活的所有领域中都在流行着融合。融合既是一种生活方式，也是一种新的思考方式。尤其是在食物、音乐、产业、设计样式中表现出显著的特征。在这些领域中，融合已经在某种程度上成为一种样式。

　　雕塑是现代园林中不可或缺的景物。与花木不同，雕塑在一年之中呈现出始终如一的面貌。变化的是季节与自然，但每当这时，雕塑就会展现出不同的面貌。这是因为不变的形象和随着季节和时间的推移而变化的自然面貌同时呈现的缘故。现代园林中，亭子或桥等景物具有十分重要的意义。雕塑在创造园林的画中景方面起着决定性作用，对画中景向诗中景转换十分有效。雕塑作为景物始终和其他的园林要素相融合，呈现出一道完整的风景。迄今为止，雕塑在园林中一直强调的是它本身的艺术价值，而大自然总是被当作背景。但是过分强调雕塑的重要性，会将园林变为户外美术馆。在美术馆体验诗中景与画中景是十分困难的，园林并不是收藏着诗歌与绘画作品的美术馆。

东亚三国现如今的园林文化中存在的问题源于汉字文化的衰退。年轻人在翻译过去的繁体字文献时会遇到困难。因为很难读懂，所以文献中蕴含的深意也就难以被理解。这种现象在韩国和日本较为严重。因为西方英语文化圈的影响在战后飞速加剧，所以对于汉字文化圈流行已久的诗歌、绘画以及书法的关注逐渐被西方艺术思潮所取代。

在韩国，风靡于朝鲜时代的对于归去来和桃花源的向往正在逐渐消退。同样是归乡，古代是将其作为解决政治、社会、制度矛盾的方案，而如今归乡是从健康、家庭、事业、安定、沟通等新的价值观出发，是以恢复人性为目标的一种行为。现代人的关注点不在远方，而集中在家庭、

△京畿道涟川郡香草庄园
——作者供图，2011

幸福、安居乐业、健康的生活和稳定的职业，以及治愈、沟通等极为现实和个人化的目标上。过去东亚三国所憧憬的武陵桃源只有在梦中才能实现，在如今，它的意义正在一点点丧失。

幻想园林中同时展现着假想现实与现实自然。但是由于省略空间脉络的自然构成，所以强调造型美的自然得到表达，就像是时间静止，描绘各种美丽花园的童话一般的画作。在这里，自然被夸大为背景，但主要的主题仍然是人。幻想园林中，由于人是人和社会的表象，个人的视角就被无视。取而代之的，是想要拥有园林的人类的共同欲望通过多种多样的途径得到体现。

照片在幻想园林中是经常出现的媒介。将照片插入园林之中，就可以很容易地引入环境与季节、场所和事件。这时照片的内容显现出具体的形象。因为只有这样，才能与作为主题的自然相比较，摄影师的想法才能够得到充分的传达与沟通。将照片和画作为背景是室内花卉博览会经常使用的展示技法。可以说这是幻想的一部分。科幻电影当中，自然被任意组合。荒凉的沙漠、席卷巨浪而来的台风、吞没一切的不可抗拒的地震、大火灾等环境和巨大的自然灾害是在日常生活中无法体验到的。但是科幻电影中这一切皆有可能，还可以体验到一种战胜自然的成就感。

于是，自然的抽象美就得到了进化。自然的审美体验逐渐转化为抽象美，而现实中，我们体验自然的感受仍然停留在三次元世界中。

很难预测现代园林往哪个方向发展。但是在社会和文化价值变化的普遍趋势下，毫无疑问会慢慢改变。这个方向从园艺博览会中能够寻找到线索。在主题园林中表达的那些园林主题，那些自古传统园林中展现的归去来、武陵桃源、诗书画以及通过自然展现的终极理想的主题都已经找不到了。反而是从个人立场上看待社会的幸福、治愈、讽刺，以及宇宙、战争、恐怖、灾难、生态等全球性价值更受关注，并得到了多样性的尝试。可以肯定的是，未来园林中肯定会出现超越时空限制的幻想世界。现代社会正在逐步成为一个根据阶级、知识、财富定义理想价值且没有多大意义的世界。

园林，取景于自然，在其中重新思考自然的空间性装置的这一概念。在未来不会发生变化的前提下，如何在未来园林里展开诗中景与画中景，将成为未来园林的形式与内容。从现在的主题园林中可以看到，现代园林里缺乏诗中景。在全世界的现代园林中，这种现象很普遍，不是诗而是以主题为主。想要重新引诗中景入园林，反过来说，需要诗的存在。就像科幻电影中通过台词营造氛围一样，幻想园林中的诗意对话通过多样的媒介在风景中展开时，"园"这一人类的普遍安息处才能够完好地得到保留。通过多媒体手段，演绎光与声、自然的气息和微动的同时，人们在另一个假想的自然中就能拥有一个幻想的园林。

科幻题材的本质是在假想现实中围绕对未来社会的期待、希望、挑战等问题而展开的阐释。随着对宇宙的理解越来越全面，人类对于无限世界的挑战表现为暴力、破坏、战争，以及善与恶的极端对峙、移居外星球、对待不可思议世界的神秘主义态度。最终，人类的自然价值观被动摇。在假想现实中，自然比现实中的自然要更加以人为主。在这里，尽管自然被理解为规模宏大的恐怖灾难，以及人类无能为力的不可抗拒之现象。但故事展开的过程中它只是被克服与考验的对象，不存在人类无法触及的彼岸的东西。在此，自然不是脉络赋予的，而是被创造性地设定的。即不是现实而是组合意义上的自然，对于幻想的关注也根据各国的文化取向和背景而不同。

幻想园林中，画中景主要将焦点置于创造称为"画中画"的"幻"上。现代园林中，风景画般的画中景消失了，出现了强调一个代表性场所或是风景断面的倾向。那个风景就是抽象画原本的模样。画中景是电影中的场面来代替的，当然这不是意味着幻想园林中画中景的全面消失。在幻想园林里能够克服空间、时间的制约，因此关于自然的新态度就得以反映在形象上。荒凉沙漠的沙丘、清脆的密林鸟鸣声、可能想象的色彩奇异的花朵，以及外星人和机器人，人类在幻想园林里日常性地出现。这些仅仅在人内心里得以描绘的幻想以诗中景和画中景再现在电影中。

像电影一样，未来的园林里，如何做才能让个人的幻想进入现实？有没有这样一种方法，能够让在假想空间里尽情体验战争、破坏、争夺，背叛与爱情、善与恶、技术和伦理等主题的年轻一代在瞬间回到现实，将广阔草原看作是丰饶乐园？如何能够将人的心灵和眼睛吸引到园林中，将其打造为幻想空间里的主人公呢？提供一个从魔幻世界的战斗、背叛、破坏、混乱中摆脱，回归净化心灵的本性的机会究竟能否成为可能？能够确定的是，只要人类还对梦想乐园怀有无限希望和期待，不管以何种形态，幻想园林都是会存在的。有一点是确信的：只要存在这样的幻想园林，现实的园林、园亭、庭园就会不断被重新装饰描绘。因为人类对自然的本能性感性不会改变。

后 记

　　美人的标准随时代变化而不同，对事物的观念性审美基准，更随时代变化而不同。也就是说，审美眼光随着时间的流逝而变化。21 世纪以来，全世界范围内各国文化相互冲突融合的程度之深前所未有。在建筑、陶艺、绘画、音乐等领域中，我们可以很容易看到这种倾向。园林文化也同样不例外，中国、日本、韩国三国园林的特征差异也不明显，只不过在三国地理、文化的环境脉络中存在着相对独特的程度差异罢了。因此，对一个国家的园林文化进行单独的、排他性的谈论，对于总览东亚园林之美来说，意义不大。因为这只能相对区分微妙的形态和象征的差异。尽管如此，人们还是想用一句话概括其特征。这恐怕是因为比起复杂微妙的东西，大家还是倾向于简单而单纯的表达方式。

到目前为止，从评判园林美的评论来看，大部分人都对形成园林美的原因感兴趣。对东亚园林产生影响的基本要素是佛教、道教等宗教和儒家思想。即在中国园林里，道家思想和价值观的作用最为强烈，以道家思想为基础；日本庭园受佛教，尤其是禅宗的影响最为深远；而韩国在此基础上又添加了儒家价值观。对在营造和欣赏园林的美学价值上，道家思想占有支配性的地位这一点，我们毫无疑问。但是这种观点，只不过是关于园林美本质的部分解释罢了。

园林是实际上进行日常生活的空间。因此，与绘画、音乐、诗歌不同，园林是现实中受时空制约的空间艺术。在园林里体验美时，地点特征和季节，即空间和时间这一体验的过滤装置一定会介入。提到一个国家的园林美，常常会跟其他地方或其他国家的园林美相比，相较而言多么特别，多么独特。也就是说有一个前提，超越时间和空间的界限，相较而言，特别的艺术特质是如何得到凸显的。

"园"具有两面性。展现在眼前的美丽风景犹如一幅画，这就是园林里的画中景。某一瞬间用心灵观察事物的情况便会经常发生，这就是诗中景。在园林里，这两种风景相互交织。从诗到画，从画中景到诗中景，我们的体验发生改变的时候，就会超越现实，进入新的想象世界，进入自我全新构建的观念世界。正是在这里体验园林的美。有时，也会经历"幻"的效果，有时也沉迷在幻想里。诗中景与画中景作为体验园林美的一种过滤器，通过这些，个人便可以追求自我的审美世界，关注新的美丽。但是诗歌和绘画本身并不会在我们的心里永久保留，在品味园林美的过程中，人们最终会重新思考人类。这就等同于艺术带给人类的精神价值。

园林里体验的自然美，仿佛画中的自然，是通过人的眼睛和心灵再创造的，自然的新秩序、新排列、新印象，其对象从小小的景物到构成园林的抽象思维，都是由艺术家的手来雕琢的。试想，艺术给人类提供了别样看待世界的契机。通过艺术，我们得以对熟知的世界从另一种视角进行审视和思考。艺术家不断地对我们生活的世界产生疑问，以一种崭新的、别样的视角进行表达。园林艺术在取景于自然的过程中，通过自然美和形式美，以一种全新的视角审视自然。

园林美、园亭美、庭园美，如字面意思一样，是对园林、园亭、庭园美的对象的审美判断。审视园林时，不知何时到来的美，是对于装扮美丽的自然的全新认知与感受。在园林里，自然不是山川里展现的云朵、山峰、江河与花木本身。它们的价值在于发现在匠人手中与众不同之美是如何创造出来的。

在园林里直接享受的自然美是从素材本身获得的美学体验。散发神秘感的花朵，瞬间就能感受到久经时光的石缝苔藓，用颜料无法描绘的美妙枫叶，瞬间可以使观赏者陷落在梦幻的花瓣上荡漾的微波等，园林美指的是从大部分的自然素材本身感受到的原始自然美。

从素材层面来看，东亚园林里出现的自然在地区上没有太大的差异。因为中、日、韩三国是几乎快要接壤的地区。因此，三个国家使用的园林自然素材，尤其是植物素材，也没有大的差异。说到三个国家园林的自然美，不特别提及树木也正是这个原因。因为都是熟悉的花木，所以在观察者的眼里并无新意。相反，当这种熟悉的自然素材以一种未曾见过的方式排列，通过特别的视角得到体验时，就能够认识到相对的自然美。在生活中使用自然素材的方式因国家、时代、民族倾向和气质而呈现出多样性。在房屋、工具、陶瓷、食物等多方面，有着不同的爱好。在园林里也不例外。《我的文化遗产踏察记日本篇3——京都的历史》中俞弘俊教授观察到，处理石头的方式，韩国和日本园艺师也表现出截然不同的态度。放置10块石头，日本园艺师思考的是：如何将9块石头平稳地放置，1块石头歪着放；韩国园艺师则尝试将9块石头任意放置，1块石头平

△图①：中国苏州拙政园；图②：庆尚北道义城郡素宇堂；图③：日本京都光悦艺术林

—— 作者供图

稳地放置。^①

在这里放置 10 块石头的说法，准确地说应该是放置 9 块石头。这是因为在东亚三国，完成、终结的标准不是 10，而是用 9 这个数字进行表达。把 10 这一阶段看作是超越了人类的神之领域。于是，在日本，9 块石头平稳地放置，1 块石头歪着放，这里的 1 块石头便具有了有意打破秩序的一种"破格"的意味。这种破格之美是贯穿在日本艺术领域里表现出的共同现象。与之相反，在韩国，放置就是原封不动地搁置的意思。然后，平稳地摆放剩下的 1 块石头。这一点和日本园艺师端正严谨的态度完全不同。不仅是在放置石头的方式上，在打造园林的态度上，韩国和日本也截然不同。那么中国又是怎么样呢？也许是完全按照园艺设计师的想法放置。

中国的园林美用一句话，可以概括为是在"按照人的意志引入自然"的形式中感受到的一种美。故而那样布置园林。参观完中国园林后，就像读了一部长篇小说一样。长路蜿蜒，诸多景物忽明忽暗，其中蕴含的故事也具有漫长而起伏的结构。中国人在园林的气质上，比起清新淡雅，更喜欢悠长回味。情节错综复杂，技巧性和装饰性强，夸张、起伏跌宕的故事更受欢迎。这种气质在园林的构成上

① 俞弘俊，《我的文化遗产寻访记：日本篇》3，创批，2014 年，243 页.

也展现出来了。引入自然，试图打造以人为中心、以人为本的人的自然。园林需要山石，就取小石凿制成大石，而后取名为狮子石。人们不取用无可奈何的巨大石块，而收集小石块，打造造景石，进行排列。

日本和韩国大众中曾经有过这样的论调：中国有些园林里经常出现一种怪异氛围：黑漆漆的墙壁和深红色的帷帐，以及耀眼的黄金装饰，展示书法艺术境界的名诗、柱联等。但是，由此带来的诗中景的丰富表现，尽管中国园林的人工色彩浓郁，但它本身具有独特风格，是美丽的追求与表现。怪异、幻想、梦幻的风景会引发知性想象。至少在独创性的观点上，表现出了非常优越的园林美。在中国园林中，我们可以想象到各种幻想与理想，切身感受到事实与观念的广度。如此，中国古典园林里蕴含着很多独具特色的园林幻想价值。

与此同时，日本园林里的时间是静止的，意在永远守护着瞬间的美丽。在园林里，日本人试图在不知何时会发生天灾地变的环境中找寻内心的平稳与安定。所以，在日本庭园中总是流淌着寂静。与其形容为安静，不如说是静谧。日本人心中似乎有着十分强烈的试图不断地平息流淌着的心潮的平静诉求，因此总是试图想要二者趋同。飞舞的花瓣不过转瞬即逝，应该像常青的苔藓一样，永远要保持一样。

三国相对比，日本庭园景物布置的机械性完成度最高。松散的结构并不引人注目。日本庭园有一种倾向，将自然与人进行对比，将其视为观照的对象。因为总是要一致的场景，所以就要强调绘画性的构成，酷似挂在墙上的一幅画。扫除飞扬的花瓣，按照原貌修整沙地，他们认为只有这样才算是整理。庭园之美在于绘画之美。摄影师在日本

庭园中很容易找到如画般的场景，因此，日本庭园通过照片在西方广为人知。

那么韩国园亭是如何取景于自然的呢？它都反映在池塘里。方池是韩国园亭里最引人注

目的空间形式。中国巨大的湖景在韩国园亭中是看不到的，取而代之的是方池。池塘里包含着自然的所有风景。

从倒映在池塘里的花瓣、月影、纷飞的雪花、清晨水雾里被微波晃动的枫树叶中可以同时感受到自然与季节。自然进入池塘的画框里，观赏者在瞬间不断地穿梭在具体事物与抽象自然的界限之间。

韩国园亭里小的景物非常多。尤其在古典园亭里，大部分都是使用朴素、质朴的景物进行装饰。石臼、盆栽、小瀑布、装饰用翠屏等小巧玲珑的物件，使得院子里弥漫着情感的氛围。韩国园亭以"怀着本貌"的态度来设定自然，而说明这种视觉体验的微妙差异是十分困难的。

用一句话来概括，就是在韩国古典园亭中，"质朴"支配着整个空间。因此，从端雅、朴素、不经意、不关心、未完成、温柔中的坚定、不紧凑的松散、淡雅、节制与均衡等美学家的表达中可以看出，韩国的"朴素风格与含蓄风采"如实呈现。韩国园亭可以说是褪色的黄土色。望着花岗石、沙子及可以依靠的巨石，还有随波逐流的花瓣，突然间随着季节流逝。在韩国人的眼里，未完成的、无情无意的便是最自然的。

参考文献

陈从周 . 说园 [M]. 同济大学出版社，1984.

Gabrielle Van Zuylen. 世界庭院 [M]. 边智贤译 . 时空社，1997.

金宇昌 . 风景和内心 [M]. 思想树，2006.

金昌源 . 江湖诗歌美学探究 [M]. 报告社，2004.

金昌焕 . 陶渊明的思想和文学 [M]. 乙酉文化社，2009.

论著编辑部 . 美学辞典 [M]. 论著，1998.

橘俊纲 . 作庭记 [M]. 金承仑译 . 燕岩书家，2012.

东国大学韩国文学研究所 . 韩国文学思想研究 · 上 [M]. 太学社，1981.

东亚古代学会 . 东亚空间观 [M]. 景仁文化社，2007.

真野隆也 . 乐园 [M]. 林熙善译 . 原野，2000.

松尾芭蕉，与谢芜村 . 俳句与浮世绘和江户时代 [M].

小林一茶，金湘译 . 达芬奇，2006.

朴炳元 . 电影影视和史家意境空间写作研究 [M]. 北京大学，2002.

朴喜成 . 园林，无边的自然 [M]. 首尔大学出版文化院，2011.

白基洙 . 艺术思索 [M]. 首尔大学出版部，1993.

徐复观 . 中国艺术精神 [M]. 台北学生书局，1984.

申贞淑 . 伦理的诱惑：美丽的伦理 [M]. 蓝色思想史，2010.

巫鸿 . 瞬间和永远 [M]. 金炳俊译 . Acanet，2001.

巫鸿 . 画中之画 [M]. 徐省译 . 离山出版社，1999.

俞弘濬 . 我的文化遗产寻访记：日本篇·3[M]. 创批，2014.

李御宁 . 面向缩小的日本人 [M]. 甲寅出版社，1982.

任泰胜 . 象征与印象 [M]. 学古房，2007.

张家骥 . 中国造园艺术史 [M]. 山西人民出版社，2004.

赵奎熙 . 朝鲜时代别墅图研究 [D]. 首尔大学，2006.

智淳任 . 中国画论看绘画美学 [M]. 美术文化，2005.

金原省吾，闵炳山 . 东洋的心灵与绘画 [M]. [出版者不详]，1994.

洪吉周 . 想象的庭院 [M]. 李洪锡译 . 太学社，2008.

朴明希．李达题画诗的形象化方法 [J]．韩国语言文学，2000（44）．

白永瑞．亚洲美的概念 [J]．亚洲美的研究报告书，2012.

白允洙．画论对园林论的影响：以计成的《园治》为中心 [J]．美学，2005（44）．

潇洒园诗选编纂委员会．潇洒园诗选 [J]．光明文化史，1995.

申罗京．乔舒亚·雷诺兹的《美术谈话》中的"自然"和"想象力"[J]．美学，1997（22）．

沈禹英．中国的山水自然诗和园林美学 [J]．中国文学研究，2008（36）．

叶朗，徐真熙 译．中国艺术中的意境 [J]．首尔大学美学科研讨会，1994.

李钟淑．朝鲜时代归去来图研究 [J]．首尔大学硕士学位论文，2002.

张景烈．形象主义原理和"诗画一如"的试论：郑芝溶和埃兹拉·庞德，还有形象主义 [J]．作家世界，1999（43）．

赵允京．形成诗的风景和主体：以苏佩维埃尔的诗为中心 [J]．法国文化艺术研究，2010（33）．

朱成玉．禅宗对中国自然观形成的影响 [J]．美学，2005.

崔景焕.题画诗的景物提示方法与画面上的形象·1[J].
西江语文，1995（11）.

画面上的风景和诗景的差异和依据：以《今时十二景
图》和《今是堂十二景》诗的对比为中心 [J].韩国古典研
究，2009（20）.